# 工程地质学实习教程

## （第2版）

唐益群　石振明　黄　雨　叶真华　周　洁　编著

同济大学出版社
TONGJI UNIVERSITY PRESS
·上海·

## 内 容 提 要

本教材中的工程地质教学实习指导内容包括野外地质工作的基本技能和方法、杭州地区地质教学实习教程、苏州地区地质教学实习教程和巢湖地区地质教学实习教程四大部分。

野外地质工作的基本技能和方法包括地质罗盘仪的结构与使用方法、地形图的知识及其在地质工作中的应用、野外地质工作方法和编写地质教学实习报告书。

杭州地区地质教学实习指导内容包括杭州地质教学实习区概况、教学实习区地质条件、实习观测路线及观测内容和有关地质、水文地质点概述等，并为实习者选择了7条典型的野外观测路线。苏州地区地质教学实习指导内容包括苏州地质教学实习区地质概况、实习观测路线和观察内容，其中对5条实习观测路线与观测点位置、观测内容作了详细的介绍。巢湖地区地质教学实习指导内容包括巢湖地质教学实习区地质概况和实习观测路线与观测内容、地层剖面介绍等。

本教材适合土木工程、地质工程、交通工程、水利工程、测绘工程、风景园林等专业的工程地质学与普通地质学野外实习教学使用。

**图书在版编目（CIP）数据**

工程地质学实习教程/唐益群等编著. ——2版. ——上海：同济大学出版社，2024.1
ISBN 978-7-5765-0617-4

Ⅰ.①工… Ⅱ.①唐… Ⅲ.①工程地质－实习－高等学校－教学参考资料 Ⅳ.①P642

中国国家版本馆 CIP 数据核字（2023）第 000723 号

---

**工程地质学实习教程（第 2 版）**

编　著　唐益群　石振明　黄雨　叶真华　周洁
责任编辑　宋　立　**助理编辑**　陈妮莉　**责任校对**　徐逢乔　**封面设计**　唐思雯

| | |
|---|---|
| 出版发行 | 同济大学出版社　www.tongjipress.com.cn<br>（地址：上海市四平路1239号　邮编：200092　电话：021-65985622） |
| 经　销 | 全国各地新华书店 |
| 印　刷 | 常熟市大宏印刷有限公司 |
| 开　本 | 787mm×1092mm　1/16 |
| 印　张 | 10.5　插页　8 |
| 字　数 | 283 000 |
| 版　次 | 2024 年 1 月第 2 版 |
| 印　次 | 2024 年 1 月第 1 次印刷 |
| 书　号 | ISBN 978-7-5765-0617-4 |
| 定　价 | 46.00 元 |

本书若有印装质量问题，请向本社发行部调换　　版权所有　侵权必究

# 再 版 前 言

工程地质教学实习是地质工程学科教学中十分重要的实践环节,是在课程理论知识学习的基础上,通过学生在野外对基本地质现象进行实地考察,结合这些地质现象对工程建设地基稳定性影响进行评价,这种理论与实践相结合的教学方式与教学内容,为学生毕业以后在工程设计、施工与工程灾害防治中应用有关工程地质资料打下一定的基础。

《工程地质学实习教程》教材内容将工程建设知识与工程地质知识融合交叉,具有实践性强的特征。本教材自第1版出版以来,至今已经连续印刷了8次。通过多年的野外实习教学实践,由于其现场实践教学内容与课堂理论教学内容相融合的特点,本教材在土木工程、地质工程、交通工程、水利工程、测绘工程、风景园林等专业的野外教学实习使用过程中,教学效果很好,得到了教师和学生的一致好评,并被国内诸多兄弟院校各相关学科专业作为实践教学课程的教材和主要教学参考书籍之一。

本次《工程地质学实习教程》教材的再版,在对教材中部分章节内容进行了补充与修改的同时,为了适应新时期教学改革的要求,深入贯彻落实教育部的《高等学校课程思政建设指导纲要》,教材中增加了思政建设方面的教学内容。针对工程地质实习路线教学的讲解过程,适当融入实习路线中遇到的人文景观、历史典故和爱国主义教育基地等内容。实地考察与实习教师的引导解说,可以自然流畅地激发起大学生们的专业传承的认同、社会责任与文化自信的熏陶以及革命传统与爱国情怀的教育等。

唐益群、石振明、黄雨、叶真华主持完成本实习教材的整理、修订与校对工作,周洁参与了教材中第二篇第三章局部内容的修改;陈建峰教授对教材中有关章节内容修改提出了宝贵的意见,在此表示衷心的感谢!

由于编者水平有限,书中错误和疏漏在所难免,敬请各位老师和同学批评指正。

编著者

2024.1

# 第1版前言

地质教学实习是整个地质科学教学中十分重要的实践环节,使学生在课堂理论知识学习的基础上,通过对基本地质现象的野外实地考察和现场实践,获得感性知识并巩固和深化课堂理论知识,使理论与实践相结合,为学生毕业以后在设计、施工中应用有关地质资料打下一定的基础。

地质教学实习内容包括:三大类岩石的肉眼鉴定;地层剖面观察;褶皱和断裂构造的基本判识;各种内、外动力地质现象的认识;地下水类型及水文地质条件的了解;洞室与边坡稳定性分析等工程地质条件的评价;环境地质和地质灾害问题的分析和处理方法等。要求学生能做到以下几点:在不同的实习阶段进行地形图判读;使用地质罗盘仪测量地质体的产状;在地形图上定点;实测地质剖面,做好地质点及路线地质编录、井泉水点的水文地质调查、洞室和边坡的工程地质调查、标本和样品的采集和编录;绘制地质剖面图、地质平面图、地层柱状图、地质素描图等图件。通过地质教学实习,使学生得到编写地质报告等地质工作的基本方法和技能方面的初步训练。

杭州地质教学实习区是同济大学地质工程、水文学及水资源、岩土工程、结构工程、地下建筑工程、城镇建设工程、道路与交通工程、桥梁工程、测量、园林绿化等专业的普通地质学、地质学基础、地质与地貌学、工程与水文地质学基础等课程的野外地质教学实习基地。该教学实习基地具有路途近(离上海)、能容纳的实习人数多、涉及的教学内容广等特点,能适应不同专业、不同课程的教学实习要求。多年来,虽然同济大学地质工程教研室曾先后编写过不少地质教学实习教程(实习指导书),但为了适应新时期教学改革的要求,为了给教师和学生提供一份较为全面而系统的、便于教学和自学的杭州地区野外地质教学实习教材,我们于2000年4月组织教师重新编写了杭州地区地质教学实习教程。在重新编写这本地质教学实习教程时,我们除搜集了杭州地区的最新地质资料外,还在内容上作了较大的扩充,以适应不同专业、不同课程的教学实习需要,使实习内容系统化、规范化。该篇共有五章和五个附录,内容包括:杭州地质教学实习区概况;地质教学实习区地质条件;实习内容及实习观测路线;有关地质、水文地质点概述等;7条实习观测路线的路线观测点位置、观测内容及实习作业的介绍。并有地质实习报告编制提纲和实习复习思考题。附录中介绍了闲林埠钼铁矿、灵山洞、瑶琳洞、白鹤岭滑坡的简况。至于野外教学实习内容,各专业可根据需要有所取舍。

苏州地质教学实习区为同济大学地质工程、水文学及水资源、岩土工程等专业地质入门认识实习基地。第三篇以历届野外地质教学实习积累的教学资料为主,重点参考了江苏省第四地质队测绘的苏州地区1:5万地质图及区测报告中的有关内容。该篇共有两章,内容包括:苏州地质教学实习区地质概况;实习观测路线及观察内容。其中对5条实习观测路线的路线观测点位置、观测内容作了详细介绍。

巢湖地质教学实习区是同济大学地质工程、水文学及水资源、岩土工程等专业的普通地质学、地质学基础、构造地质学等课程的野外地质教学实习基地,它是一个与地质工程、水文学及水资源、岩土工程专业内容密切结合、为学生打好地质学基础的专业地质实习基地。巢湖地质教学实习区包括麒麟山、凤凰山、马家山等地区。1981年以后,同济大学地质工程、水文学及水资源、岩土工程等专业到此建立地质教学实习基地,开展地质教学实习。该篇是以巢湖地区有关地质资料为基础,经整理编辑而成。第四篇共有两章和四个附录,内容包括巢湖地质教学实习区地质概况、地质教学实习观测路线和内容等。附录部分主要是地层剖面资料的介绍。

本书是在同济大学地质工程专业教师多年来地质教学实习以及野外地质、科研工作所积累的资料和历年的教学实习指导书的基础上重新编写的。杭州地区地质教学实习教程的编写是在原基础地质教研室1978年编写、郭家良等1984年编写、王允侠等1987年和1994年编写的《杭州地区地质实习指导书》的基础上重新编写的,同时参考了浙江省地质矿产局编的《杭州地质》(1984.12)、《杭州市旅游地质图说明书》(1986.4)、《杭州市1∶5万城市地质综合调查报告书》(1987.7)、《浙江省地质志》(1989.4)以及浙江大学地质系(包括原杭州大学地理系)等单位的有关地质资料;苏州地区地质教学实习教程的编写是在原水文地质教研室1983年编写的《苏州地区地质认识实习指导书》的基础上重新编写的;巢湖地区地质教学实习教程编写时参考了原基础地质教研室1987年编写的《巢湖地区实习指导书》。

本书第一篇由石振明、叶真华编写;前言、第二篇第一章、第二章第3,4,6,7节、第三章第2节、第二篇第四章、第二篇附录五由唐益群、黄雨编写;第二篇第二章第1,2,5节、第二篇第三章第1节、第二篇附录一、二、三、四由石振明编写;第二篇第三章第3,4,5,6,7节由董炳炎编写;第三篇由唐益群、黄雨编写,第四篇由叶真华编写。全书由唐益群统稿,石振明、叶真华校阅。

本书是在同济大学课程教改项目"杭州地质实习基地教学改革研究与教材建设"的课题基础上完成的,同时增添了苏州和巢湖地质教学实习区地质教学实习内容。

限于水平,书中不当之处,敬请读者批评指正。

编著者<br>
2002.5

# 目 录

再版前言 ······················································································ (1)
第1版前言 ··················································································· (1)
**第一篇 野外地质工作的基本技能和方法** ····································· (1)
**第一章 地质罗盘仪的结构与使用方法** ········································ (1)
第一节 地质罗盘仪的结构 ··························································· (1)
    一、磁针 ··················································································· (1)
    二、水平刻度盘 ········································································ (2)
    三、竖直刻度盘 ········································································ (2)
    四、悬锥（垂直刻度指示器） ···················································· (2)
    五、水准器 ··············································································· (2)
    六、瞄准觇板 ··········································································· (2)
第二节 地质罗盘仪的使用方法 ···················································· (2)
    一、使用前的校正 ···································································· (2)
    二、目的物方位的测量 ····························································· (3)
    三、岩层产状要素的测量 ························································· (3)
**第二章 地形图的知识及其在地质工作中的应用** ·························· (5)
第一节 地形图的知识 ·································································· (5)
    一、地形图的内容和表示方法 ··················································· (5)
    二、地形图的阅读 ···································································· (7)
第二节 地形图在地质工作中的应用 ············································· (8)
    一、利用地形图制作地形剖面图 ··············································· (8)
    二、利用地形图在野外定点 ······················································ (9)
**第三章 野外地质工作方法** ·························································· (11)
第一节 野外地质记录 ·································································· (11)
    一、野外地质记录要求 ····························································· (11)
    二、地质记录的方式和内容 ······················································ (11)
第二节 绘制地层剖面示意图 ······················································· (13)
    一、地层剖面示意图内容 ························································· (13)
    二、绘图步骤 ··········································································· (13)
第三节 绘制顺手地质剖面图 ······················································· (13)
    一、绘图步骤 ··········································································· (14)
    二、注意问题 ··········································································· (14)
第四节 绘制野外地质素描图 ······················································· (14)
第五节 标本的采集 ····································································· (15)

第六节　地质测绘的步骤和方法 ……………………………………………………（15）
　　一、实习区资料的收集 ………………………………………………………（15）
　　二、路线踏勘 …………………………………………………………………（15）
　　三、实测地质剖面的工作方法 ………………………………………………（16）
　　四、地质填图 …………………………………………………………………（18）
第四章　编写地质教学实习报告书 ………………………………………………（19）

第二篇　杭州地质教学实习区 ………………………………………………………（21）
第一章　杭州地质教学实习区概况 ………………………………………………（21）
第一节　教学实习区的自然地理条件 ……………………………………………（21）
　　一、低山区 ……………………………………………………………………（21）
　　二、丘陵区 ……………………………………………………………………（21）
　　三、平原区 ……………………………………………………………………（21）
第二节　教学实习区的气象、水文条件概述 ……………………………………（22）
　　一、气象 ………………………………………………………………………（22）
　　二、水文 ………………………………………………………………………（23）
第二章　杭州地质教学实习区的地质条件 ………………………………………（24）
第一节　地质教学实习区的地层 …………………………………………………（24）
第二节　地质教学实习区的地质构造 ……………………………………………（26）
　　一、褶皱 ………………………………………………………………………（27）
　　二、断裂 ………………………………………………………………………（27）
第三节　地质教学实习区的山水地貌 ……………………………………………（28）
　　一、低山丘陵区 ………………………………………………………………（29）
　　二、平原区 ……………………………………………………………………（29）
第四节　地质教学实习区的地质简史 ……………………………………………（32）
第五节　地质教学实习区的工程地质条件 ………………………………………（33）
　　一、低山丘陵基岩分布亚区（Ⅰ） …………………………………………（33）
　　二、沟谷松散堆积分布亚区（Ⅱ） …………………………………………（34）
　　三、平原松散堆积区（Ⅲ） …………………………………………………（35）
第六节　地质教学实习区的水文地质条件 ………………………………………（37）
　　一、基岩裂隙水 ………………………………………………………………（37）
　　二、碳酸盐岩岩溶水 …………………………………………………………（38）
　　三、松散岩层孔隙水 …………………………………………………………（39）
第七节　地质教学实习区的环境地质问题 ………………………………………（40）
　　一、水质污染 …………………………………………………………………（40）
　　二、土壤污染 …………………………………………………………………（40）
　　三、地质灾害 …………………………………………………………………（41）
　　四、地震 ………………………………………………………………………（41）
第三章　地质教学实习内容及观测路线 …………………………………………（42）
第一节　老和山基本功训练路线 …………………………………………………（42）
　　一、教学实习观测路线 ………………………………………………………（42）

二、教学实习内容与要求 …………………………………………………………………（42）
　　三、时间 ……………………………………………………………………………………（42）
　　四、讲解提纲（由浙江大学西侧上老和山，先到达采石场）……………………………（43）
第二节　老和山北坡（古荡以东）水点调查路线 ……………………………………………（44）
　　一、教学实习观测路线 ……………………………………………………………………（44）
　　二、教学实习内容与要求 …………………………………………………………………（44）
　　三、时间 ……………………………………………………………………………………（44）
　　四、讲解提纲 ………………………………………………………………………………（44）
第三节　玉皇山路线 ……………………………………………………………………………（46）
　　一、教学实习观测路线 ……………………………………………………………………（46）
　　二、教学实习内容与要求 …………………………………………………………………（46）
　　三、时间 ……………………………………………………………………………………（47）
　　四、讲解提纲 ………………………………………………………………………………（47）
第四节　钱塘江沿岸路线 ………………………………………………………………………（49）
　　一、教学实习观测路线 ……………………………………………………………………（49）
　　二、教学实习内容与要求 …………………………………………………………………（49）
　　三、时间 ……………………………………………………………………………………（50）
　　四、讲解提纲 ………………………………………………………………………………（50）
第五节　龙井—灵隐路线 ………………………………………………………………………（53）
　　一、教学实习观测路线 ……………………………………………………………………（53）
　　二、教学实习内容与要求 …………………………………………………………………（53）
　　三、时间 ……………………………………………………………………………………（53）
　　四、讲解提纲 ………………………………………………………………………………（53）
第六节　宝石山路线 ……………………………………………………………………………（55）
　　一、教学实习观测路线 ……………………………………………………………………（55）
　　二、教学实习内容与要求 …………………………………………………………………（55）
　　三、时间 ……………………………………………………………………………………（55）
　　四、讲解提纲 ………………………………………………………………………………（55）
第七节　龙井—翁家山—石屋洞路线 …………………………………………………………（58）
　　一、教学实习观测路线 ……………………………………………………………………（58）
　　二、教学实习内容与要求 …………………………………………………………………（58）
　　三、时间 ……………………………………………………………………………………（58）
　　四、讲解提纲 ………………………………………………………………………………（58）
第四章　杭州地区有关的地质、水文地质点概述 ……………………………………………（61）
第一节　杭州泉水 ………………………………………………………………………………（61）
　　一、虎跑泉 …………………………………………………………………………………（62）
　　二、定惠泉 …………………………………………………………………………………（63）
　　三、龙井泉和冷泉 …………………………………………………………………………（63）
　　四、玉泉 ……………………………………………………………………………………（64）

五、白沙泉 ……………………………………………………………………（66）
　　六、珍珠泉 ……………………………………………………………………（66）
 第二节　岩溶洞壑 …………………………………………………………………（66）
　　一、岩溶发育的规律 …………………………………………………………（67）
　　二、烟霞洞、水乐洞 …………………………………………………………（68）
　　三、玉乳洞 ……………………………………………………………………（68）
　　四、紫来洞 ……………………………………………………………………（70）
　　五、栖霞洞景 …………………………………………………………………（70）
 第三节　飞来峰 ……………………………………………………………………（72）
 第四节　宝石山的球状风化与"宝石" ……………………………………………（73）
　　一、宝石山上的球状风化 ……………………………………………………（73）
　　二、宝石山上的石峡和悬崖 …………………………………………………（75）
　　三、宝石山上的"宝石" ………………………………………………………（75）
 第五节　宝石山和飞来峰的"一线天" ……………………………………………（76）
 第六节　青龙山背斜 ………………………………………………………………（77）
 第七节　梯云岭断层 ………………………………………………………………（78）
 第八节　九溪十八涧 ………………………………………………………………（80）
 第九节　之江的"之"字 ……………………………………………………………（81）
 第十节　钱塘江大潮 ………………………………………………………………（83）
 第十一节　西湖泥 …………………………………………………………………（85）
附录一　闲林埠钼铁矿简介 ………………………………………………………（87）
附录二　灵山洞简介 ………………………………………………………………（89）
附录三　瑶琳洞简介 ………………………………………………………………（91）
　　一、瑶琳洞概况 ………………………………………………………………（91）
　　二、瑶琳洞区的地质条件 ……………………………………………………（92）
　　三、瑶琳洞的规模 ……………………………………………………………（93）
　　四、瑶琳洞的成因 ……………………………………………………………（94）
　　五、关于进出洞口位置问题 …………………………………………………（94）
附录四　白鹤岭滑坡简介 …………………………………………………………（95）
　　一、滑坡位置及经过情况 ……………………………………………………（95）
　　二、滑坡地区的自然地理条件 ………………………………………………（95）
　　三、大滑坡的工程地质分析 …………………………………………………（97）
　　四、小滑坡的工程地质分析 …………………………………………………（101）
　　五、白鹤岭滑坡整治工程 ……………………………………………………（102）
　　六、施工期间注意事项 ………………………………………………………（105）
附录五　复习思考题 ………………………………………………………………（106）
　　一、地层部分 …………………………………………………………………（106）
　　二、地质构造部分 ……………………………………………………………（106）
　　三、野外工作方法部分 ………………………………………………………（106）

  四、水文地质部分 ………………………………………………………… (107)
  五、洞室工程地质部分 …………………………………………………… (107)
  六、边坡工程地质部分 …………………………………………………… (108)
  七、其他 …………………………………………………………………… (108)

## 第三篇　苏州地质教学实习区 …………………………………………… (110)
### 第一章　苏州地质教学实习区地质概况 ………………………………… (110)
#### 第一节　概　述 …………………………………………………………… (110)
#### 第二节　苏州地质教学实习区地层 ……………………………………… (110)
  一、沉积岩 ………………………………………………………………… (110)
  二、岩浆岩 ………………………………………………………………… (112)
#### 第三节　苏州地质教学实习区地质构造 ………………………………… (113)
### 第二章　教学实习观测路线及内容 ……………………………………… (114)
#### 第一节　横山路线 ………………………………………………………… (114)
  一、教学实习观测路线 …………………………………………………… (114)
  二、教学实习内容与要求 ………………………………………………… (114)
  三、讲解提纲 ……………………………………………………………… (114)
#### 第二节　天平山—灵岩山路线 …………………………………………… (116)
  一、教学实习观测路线 …………………………………………………… (116)
  二、教学实习内容与要求 ………………………………………………… (116)
  三、讲解提纲 ……………………………………………………………… (117)
#### 第三节　砚瓦山路线 ……………………………………………………… (119)
  一、教学实习观测路线 …………………………………………………… (119)
  二、教学实习内容与要求 ………………………………………………… (119)
  三、讲解提纲 ……………………………………………………………… (119)
#### 第四节　阳山路线 ………………………………………………………… (120)
  一、教学实习观测路线 …………………………………………………… (120)
  二、教学实习内容与要求 ………………………………………………… (120)
  三、讲解提纲 ……………………………………………………………… (121)
#### 第五节　虎丘路线 ………………………………………………………… (122)
  一、教学实习观测路线 …………………………………………………… (122)
  二、教学实习内容与要求 ………………………………………………… (122)
  三、讲解提纲 ……………………………………………………………… (122)

## 第四篇　巢湖北部地质教学实习区 ……………………………………… (124)
### 第一章　巢湖北部地质教学实习区地质概况 …………………………… (124)
#### 第一节　教学实习区自然经济地理概况 ………………………………… (124)
#### 第二节　巢湖地区地质调查研究史 ……………………………………… (125)
#### 第三节　区域地层 ………………………………………………………… (125)
  一、上元古界 ……………………………………………………………… (125)

二、古生界 ································································· (126)
　　三、中生界 ································································· (129)
　　四、新生界 ································································· (130)

### 第四节　地质教学实习区地质构造 ········································· (132)
　　一、褶皱构造 ······························································· (132)
　　二、断裂构造 ······························································· (132)

### 第五节　区域地质发展简史 ················································ (133)

## 第二章　教学实习观测路线及内容 ········································· (134)

### 第一节　铸造厂后山基本训练路线 ········································ (134)
　　一、教学实习观测路线 ···················································· (134)
　　二、教学实习内容 ························································· (134)

### 第二节　麒麟山路线 ·························································· (134)
　　一、教学实习观测路线 ···················································· (134)
　　二、教学实习内容 ························································· (134)

### 第三节　石桥—帽子山—和尚山—平顶山路线 ························· (136)
　　一、教学实习观测路线 ···················································· (136)
　　二、教学实习内容 ························································· (136)

### 第四节　7410厂—狮子口—紫薇洞路线 ································· (136)
　　一、教学实习观测路线 ···················································· (136)
　　二、教学实习内容 ························································· (136)

### 第五节　许家村路线 ·························································· (137)
　　一、教学实习观测路线 ···················································· (137)
　　二、教学实习内容 ························································· (137)

### 第六节　忠庙—姥山路线 ···················································· (137)
　　一、教学实习观测路线 ···················································· (137)
　　二、教学实习内容 ························································· (137)

### 第七节　银屏山路线 ·························································· (137)
　　一、教学实习观测路线 ···················································· (137)
　　二、教学实习内容 ························································· (137)

## 附录一　地层剖面 ······························································ (138)
　　一、狮子口志留系地层剖面 ·············································· (138)
　　二、凤凰山泥盆系石炭系地层剖面 ····································· (138)
　　三、平顶山二叠系地层剖面 ·············································· (140)
　　四、马家山三叠系剖面 ···················································· (143)
　　五、麒麟山东南坡地层剖面（自测） ··································· (143)

## 附录二　实习区主要古生物化石 ············································ (145)

## 附录三　复习思考题 ··························································· (153)

## 附录四　地形图和地质图 ···················································· (154)

# 第一篇 野外地质工作的基本技能和方法

## 第一章 地质罗盘仪的结构与使用方法

地质罗盘仪是进行野外地质实习必不可少的一种工具,借助它可以确定方向和观察点所在的位置,测定任何一个观察面的空间位置(如岩层层面、褶皱轴面、断层面、节理面等构造面的空间位置),以及测定火成岩的各种构造要素、矿体的产状等,因此必须学会使用地质罗盘仪。

### 第一节 地质罗盘仪的结构

地质罗盘仪式样很多,但结构基本是一致的,常用的是圆盆式地质罗盘仪。它由磁针、刻度盘、测斜仪、瞄准觇板、水准器等几部分安装在铜、铝或木制的圆盆内组成,如图1-1-1所示。

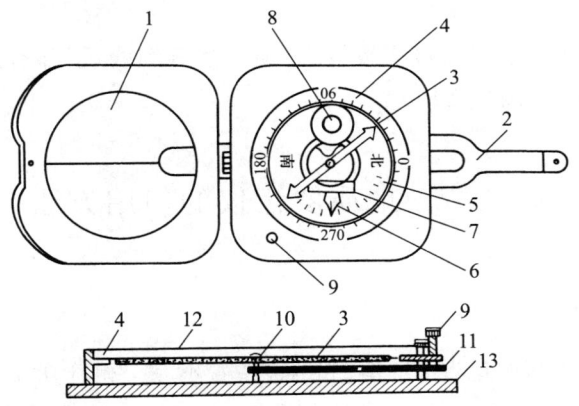

1.反光镜;2.瞄准觇板;3.磁针;4.水平刻度盘;5.垂直刻度盘;6.垂直刻度指示器;7.垂直水准器;
8.底盘水准器;9.磁针固定螺旋;10.顶针;11.杠杆;12.玻璃盖;13.罗盘仪圆盆

图1-1-1 地质罗盘仪结构图

### 一、磁针

磁针一般为中间宽两头尖的菱形钢针,装在底盘中央的顶针上,可自由转动,不用时,应旋紧制动螺丝,将磁针抬起压在盖玻璃上避免磁针帽与顶针尖的碰撞,以保护顶针尖和延长罗盘仪使用寿命。在进行测量时,放松制动螺丝,使磁针自由摆动,最后静止时磁针的指向就是磁针子午线方向。由于我国位于北半球,磁针两端所受磁力不等,会使磁针失去平衡。为了使磁针保持平衡,常在磁针南端绕上几圈铜丝,这也便于区分磁针的南、北端。

### 二、水平刻度盘

水平刻度盘刻度的标示方式:从 0°开始按逆时针方向每 10°一记,连续刻至 360°,0°和 180°分别为 N(北)和 S(南),90°和 270°分别为 W(西)和 E(东),利用它可以直接测得地面两点间直线的磁方位角。

### 三、竖直刻度盘

竖直刻度盘专用来测读倾角和坡角度数,以 E 或 W 为 0°,以 S 或 N 为 90°,每隔 10°标记相应数字。

### 四、悬锥(垂直刻度指示器)

悬锥是测斜器的重要组成部分,悬挂在磁针的轴下方,通过底盘处的觇板用手可使悬锥转动,悬锥中央的尖端所指刻度即倾角或坡角的度数。

### 五、水准器

水准器通常有两个,分别装在圆形玻璃管中,圆形水准器固定在底盘上,长形水准器固定在测斜仪上。

### 六、瞄准觇板

瞄准觇板包括对物觇板和接目觇板,反光镜中间有细线,下部有透明小孔,使眼睛、细线、目的物三者成一线,作瞄准之用。

## 第二节　地质罗盘仪的使用方法

### 一、使用前的校正

因为地磁的南、北两极与地理上的南、北两极位置不完全相符,即磁子午线与地理子午线不相重合,地球上任一点的磁北方向与该点的正北方向不一致,这两方向间的夹角叫磁偏角。

地球上某点磁针北端偏于正北方向的东边叫做东偏,偏于西边称西偏。东偏为(+),西偏为(−)。

地球上各地的磁偏角都按期计算、公布,以备查用。若某点的磁偏角已知,则一测线的磁方位角 $A'$ 和正北方位角 $A$ 的关系为 $A$ 等于 $A'$ 加、减磁偏角。应用这一原理,可进行磁偏角的校正,校正时,可旋动罗盘仪的刻度螺旋,水平刻度盘向左或向右转动(磁偏角东偏则向右,西偏则向左),使罗盘底盘南北刻度线与水平刻度盘 0°~180°连线间夹角等于磁偏角。经校正后测量时的读数就为真方位角。

## 二、目的物方位的测量

测定目的物与测者间的相对位置关系,也就是测定目的物的方位角(方位角是指从子午线顺时针方向到该测线的夹角)。

测量时,放松制动螺丝,使对物觇板指向测物,即使罗盘仪北端对着目的物,南端靠着自己,进行瞄准,使目的物、对物觇板小孔、盖玻璃上的细丝和对目觇板小孔等连成直线,同时使底盘水准器水泡居中,待磁针静止时指北针所指度数即为所测目的物之方位角(若指针一时静止不了,可读磁针摆动时最小度数的1/2处,测量其他要素读数时亦同样)。

若用测量的对物觇板对着测者(此时罗盘南端对着目的物)进行瞄准时,指北针读数表示测者位于测物的什么方向,此时,指南针所示读数才是目的物位于测者的方向,与前者比较,这是因为两次用罗盘仪瞄准测物时,罗盘仪之南、北两端正好颠倒,故影响测物与测者的相对位置读数。

为了避免因时而读指北针、时而读指南针而产生混淆,故应以对物觇板指着所求方向恒读指北针,此时所得读数即为所求测物之方位角。

## 三、岩层产状要素的测量

岩层的空间位置决定于其产状要素,岩层产状要素包括岩层的走向、倾向和倾角。测量岩层产状是野外地质工作的最基本的工作方法之一,必须熟练掌握。

(一)岩层走向的测定

岩层走向是岩层层面与水平面交线的方向,也就是岩层任一高度上水平线的延伸方向。

测量时将罗盘仪长边与层面紧贴,然后转动罗盘仪,使底盘水准器的水泡居中,读出指针所指刻度即为岩层之走向。

因为走向是代表一条直线的方向,它可以两边延伸,指南针或指北针所读数正是该直线之两端延伸方向,如NE30°和SW210°均可代表该岩层之走向(图1-1-2)。

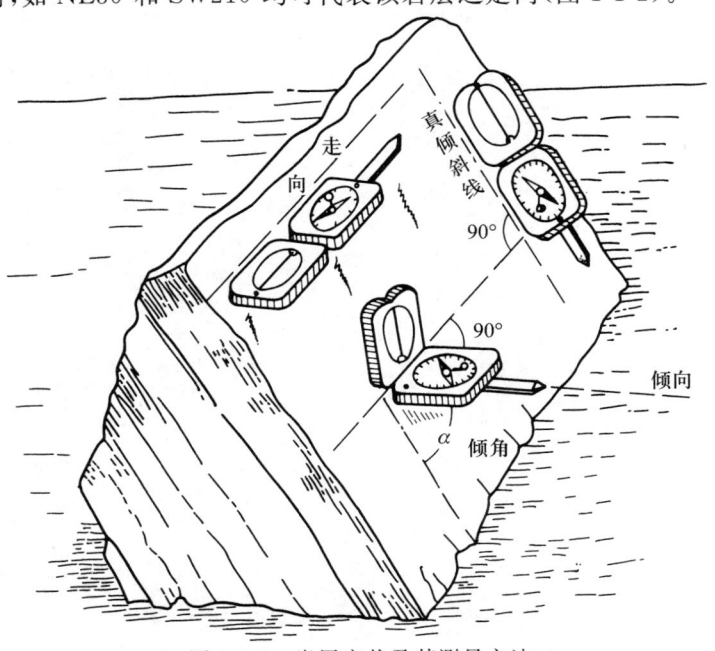

图1-1-2 岩层产状及其测量方法

（二）岩层倾向的测定

岩层倾向是指岩层向下最大倾斜方向线在水平面上的投影,恒与岩层走向垂直。

测量时将罗盘仪北端或对物觇板指向倾斜方向,罗盘仪南端紧靠着层面并转动罗盘仪,使底盘水准器水泡居中,读指北针所指刻度即为岩层的倾向(图 1-1-2)。假如在岩层顶面上进行测量有困难,也可以在岩层底面上测量,仍用对物觇板指向岩层倾斜方向,罗盘仪北端紧靠底面,读指北针即可,假如测量底面时读指北针受障碍,则用罗盘仪南端紧靠岩层底面,读指南针亦可。

（三）岩层倾角的测定

岩层倾角是岩层层面与假想水平面间的最大夹角,即真倾角,它是沿着岩层的真倾斜方向测量得到的,沿其他方向所测得的倾角是视倾角。视倾角恒小于真倾角,即岩层层面上的真倾斜线与水平面的夹角为真倾角,层面上视倾斜线与水平面的夹角为视倾角。野外分辨层面真倾斜方向甚为重要,它恒与走向垂直,此外,可让小石子在层面上滚动,或让滴水在层面上流动,则滚动或流动方向即层面真倾斜方向。

测量时将罗盘仪直立,并以长边靠着岩层的真倾斜线,沿着层面左右移动罗盘仪,并用中指搬动罗盘仪底部的活动扳手,使测斜水准器水泡居中,读出悬锥中尖所指最大读数,即为岩层真倾角(图 1-1-2)。

岩层产状的记录通常采用方位角记录方式,即如果测量出某一岩层走向为 310°,倾向为 220°,倾角为 35°,则记录为 NW310°/SW∠35°或 310°/SE∠35°或 220°∠35°。

野外测量岩层产状时,需要在岩层露头处测量,不能在滚石上测量,因此,要区分露头和滚石。区分露头和滚石的方法主要是多观察和追索,并要善于判断。

测量岩层面的产状时,如果岩层凹凸不平,可把记录本平放在岩层上当作层面以便进行测量。

# 第二章 地形图的知识及其在地质工作中的应用

## 第一节 地形图的知识

地形图是表示地形、地物的平面图件,是用测量仪器把实际地形、地物测量出来,并用特定的方法按一定比例缩绘而成的,它是地面上地形和地物位置实际情况的反映。

地形图上表示地形的方法很多,最常用的是以等高线表示地形起伏,并用特定的符号表示地物,一般的地形图都是由等高线和地物符号组成。

地形图对野外地质工作具有重要意义,是野外地质工作必不可少的工具之一。借助地形图可对一个地区的地形、地物、自然地理等情况有初步的了解,甚至能初步分析判断某些地质情况,地形图还可以帮助我们初步选择工作路线,制订工作计划。地形图是地质图的底图,地质工作者是在地形图上描绘地质图的,没有地形图作底图的地质图是不完整的地质图,它不能提供地质构造的完整和清晰的概念。

在野外地质工作之前,要懂得地形图,并会使用地形图。

### 一、地形图的内容和表示方法

#### (一) 比例尺

比例尺是实际的地形情况在图上缩小的程度。因为地面上地形与地物不可能按实际大小在图上绘出,必须按一定比例缩小。因此,地形图上的比例尺也就是地面上的实际距离缩小到图上距离的比数,一般有数字比例尺、直线比例尺和自然比例尺三种形式,往往标注在地形图图名下面或图框下方。

(1) 数字比例尺是用分数表示,分子为1,分母表示在图上缩小的倍数,如万分之一写成 1∶10 000,二万五千分之一写成 1∶25 000。

(2) 直线比例尺或称图示比例尺,标上一个基本单位长度所表示的实地距离。

(3) 自然比例尺:把图上 1 cm 相当实地距离多少直接标出,如 1 cm=200 m。

此外,比例尺的精度也是一个重要的概念。

人们一般在图上能分辨出来的最小长度为 0.1 mm,在图上 0.1 mm 长度按其比例尺相当于实地的水平距离称为比例尺的精度。例如比例尺为 1∶1 000,图上 0.1 mm 代表实地 0.10 m,故 1∶1 000 的地形图其精度为 0.10 m。

从比例尺的精度看出,不同比例尺的地形图所反映地势的精确程度是不同的,比例尺越大,所反映的地形特征越精确。

#### (二) 地形的符号

一般用等高线表示。

1. 等高线的含义及其特征

等高线是地面同一高度相邻点之连线,等高线的特点如下:

(1) 同线等高。即同一等高线上各点高度相同。

(2) 自行封闭。各条等高线必须自行成闭合的曲线,若因图幅所限不在本幅闭合,则必在邻幅闭合。

(3) 不能分叉,不能合并。即一条等高线不能分叉成两条,两条等高线不能合并成一条(悬崖、峭壁例外)。

等高线是反映地形起伏的基本内容,从这一意义上说,地形图也就是等高线的水平投影图(当然,还要附加一些内容)。黄海平均海平面是计算高程的起点,即等高线的零点,按此可算出任何地形的绝对高程。

等高距是切割地形的相邻两假想水平截面间的垂直距离。在一定比例尺的地形图中,等高距是固定的。

等高线平距是在地形图上相邻等高线间的水平距离,它的长短与地形有关。地形坡缓,等高线平距长,反之则短。

2. 各种地貌用等高线表示的特征

(1) 山头与洼地。从图 1-2-1 中可见山头与洼地都是一圈套着一圈的闭合曲线。但它们可根据所注的高程来判别。封闭的等高线中,内圈高者为山峰,如图 1-2-1 之 A。反之则为洼地,如图 1-2-1 之 B。

两个相邻山头间的鞍部,在地形图中为两组表示山头的相同高度的等高线各自的闭相邻并列,其中间处为鞍部,如图 1-2-1 之 C。

两个相邻洼地间为分水岭,在图上为两组表示凹陷的相同高度等高线各自封闭,相邻并列,如图 1-2-1 之 D。

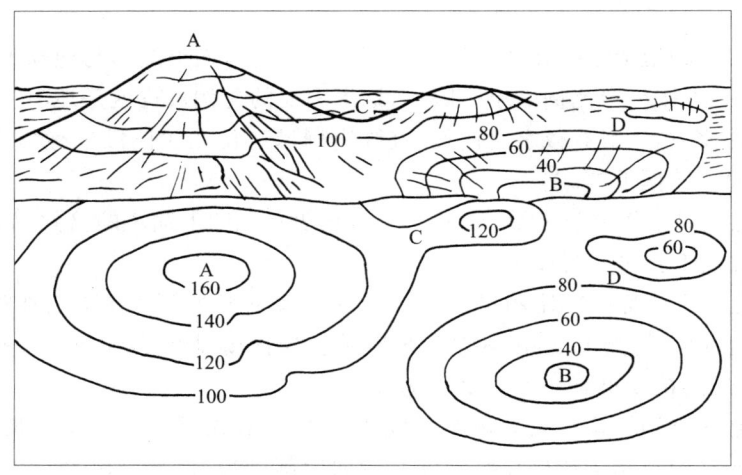

图 1-2-1　山头与洼地之等高线特征

(2) 山坡。山坡的断面一般可分为直线(坡度均匀)、凸出、凹入和阶梯状四种。其中等高线平距之稀密分布各不相同。

均匀坡:相邻等高线平距相等;

凸出坡:等高线平距下密上疏;

凹入坡:等高线平距下疏上密;

阶梯状坡：等高线疏密相同，各处平距不一。

（3）悬崖、峭壁。当坡度很陡成陡崖时，等高线可重叠成一粗线，或等高线相交，但交点必成双出现。还可能在等高线重叠部分加绘特殊符号。

（4）山脊和山谷。如图 1-2-2 所示，山脊和山谷几乎具有同样的等高线形态，因而要从等高线的高程来区分，表示山脊的等高线是凸向山脊的低处，如图 1-2-2 之 A 处；表示山谷的等高线则凸向谷底的高处，如图 1-2-2 之 B 处。

（5）河流。当等高线经过河流时，不能垂直横过河流，必须沿着河岸绕向上游，然后越过河流再折向下游离开河岸，如图 1-2-3 所示。

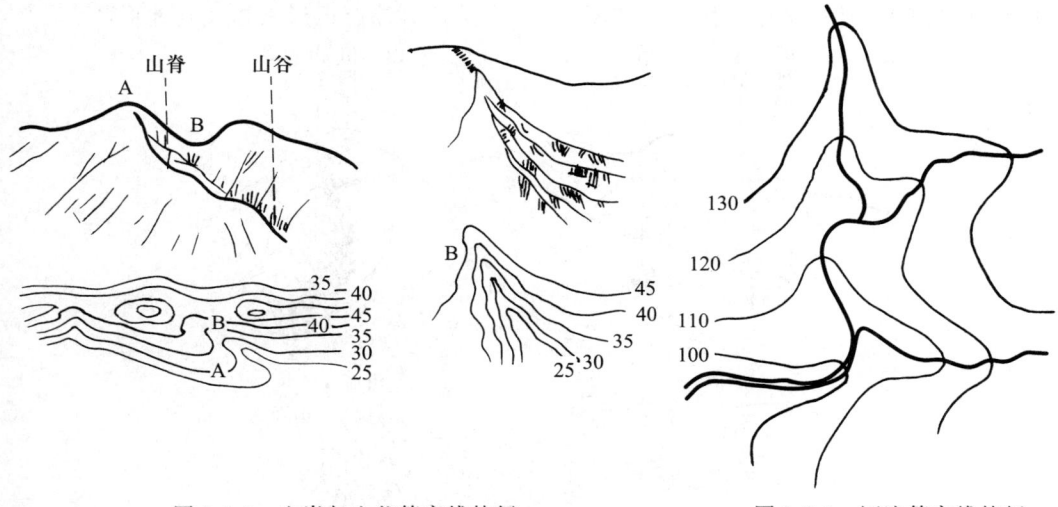

图 1-2-2　山脊与山谷等高线特征　　　　图 1-2-3　河流等高线特征

3. 地物符号

地形图中各种地物以不同符号表示，有以下三种：

（1）比例符号。是将实物按照图的比例尺直接缩绘在图上的相似图形，也称为轮廓符号。

（2）非比例符号。当地物实际面积非常小，不能用测图比例尺把它缩绘在图纸上时，常用一些特定符号标注出它的位置。

（3）线性符号。长度按比例而宽窄不能按比例的符号，某种地物呈带状或狭长形，如铁路、公路等，其长度可按测图比例尺缩绘，宽窄可以不按比例尺。

以上三种类型并非绝对不变的，至于采用哪一种符号，取决于图的比例尺，并在图例中标出。

二、地形图的阅读

阅读地形图的目的是了解、熟悉实习地区的地形情况，包括对地形和地物的各个要素及其相互关系的认识，因而不仅要认识图上的山、水、村庄、道路等地物、地貌现象，而且要能分析地形图，把地形图的各种符号和标记综合起来连成一个整体，以便利用地形图为地质工作服务。

读图的步骤如下：

（1）读图名。图名通常是用图内最重要的地名来表示。从图名上大致可判断地形图所在的范围。

(2) 认识地形图的方向。除了一些图特别注明了方向外,一般地形图上方为北,下方为南,左面为西,右面为东。有些地形图标有经纬度,则可用经纬度确定方向。

(3) 认识地形图图幅所在位置。从图框上所标注的经纬度可以了解地形图的位置。

(4) 了解比例尺。从比例尺可了解地形图面积的大小、地形图的精度以及等高线的距离。

(5) 结合等高线的特征阅读图幅内山脉、丘陵、平原、山顶、山谷、陡坡、缓坡、悬崖等地形的分布及其特征。

(6) 结合图例了解该地区地物的位置,如河流、湖泊、居民点等的分布情况,从而了解该地区的自然地理及经济、文化等情况。如图 1-2-4 为某地区综合地形素描及其地形图。

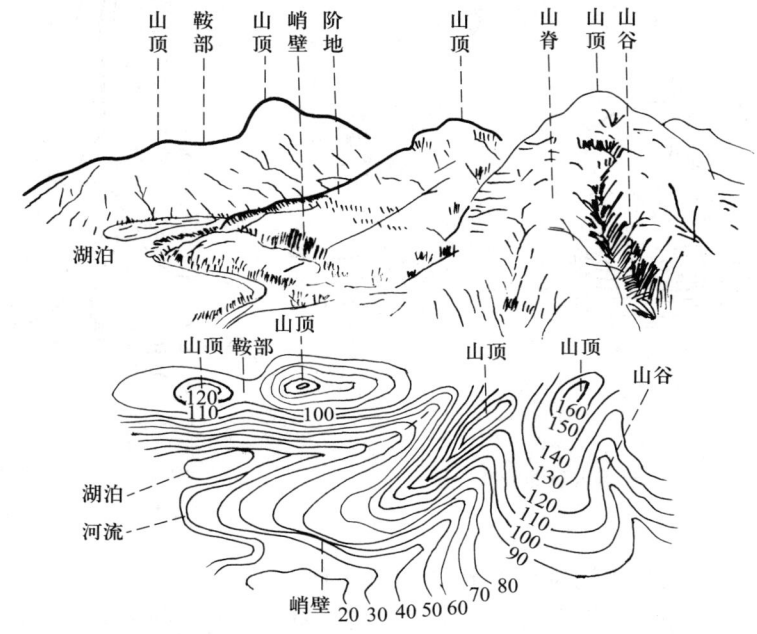

图 1-2-4　综合地形素描及其地形图

## 第二节　地形图在地质工作中的应用

**一、利用地形图制作地形剖面图**

地形剖面图是以假想的竖直平面与地形相截而得的断面图,截面与地面的交线称剖面线。

地质工作者经常要作地形剖面图,因为地质剖面与地形剖面结合在一起,才能更真实地反映地质现象与空间的联系情况。地形剖面图可以根据地形图制作,也可在野外测绘。

(一) 利用地形图绘制地形剖面图之步骤

(1) 在地形图上选定所需要的地形剖面位置。如图 1-2-5 所示,绘出剖面线 $AB$。

(2) 作基线。在方格纸上的中下部位画一直线作为基线 $A'B'$,定基线的海拔高度为 0.00 m,亦可为该剖面线上所经最低等高线之值。如图 1-2-5 中基线为 500 m。

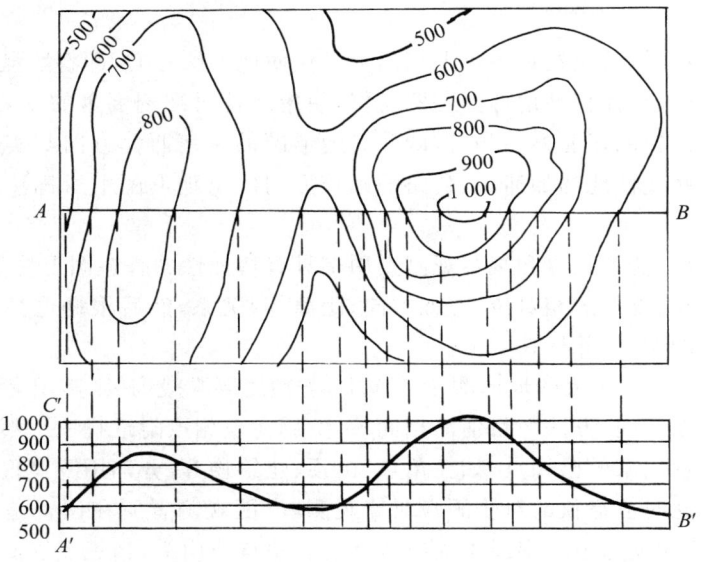

图 1-2-5　利用地形图作地形剖面图

（3）作垂直比例尺。在基线的左边作垂线 $A'C'$，令垂直比例尺与地形图比例尺一致，则作出的地形剖面与实际相符。如果是地形起伏很和缓的地区，为了特殊需要，也可放大垂直比例尺，使地形变化显示得明显些。

（4）垂直投影。将方格纸基线 $A'B'$ 与地形图剖面线 $AB$ 相平行，将地形图上与剖面线 $AB$ 相交的各等高线点垂直投影到基线 $A'B'$ 上面各相应高程上，得出相应的地形点。剖面线的方向一般规定左方就北就西，而剖面的右方就东就南。

（5）连成曲线。将所得之地形点用圆滑曲线逐点依次连接而得地形轮廓线。

（6）标注地物位置、图名、比例尺和剖面方向，并加以整饰，使之美观。

（二）野外测绘地形剖面图

在教学实习中进行路线地质内容考察时，常常要求能够在现场勾绘出地形剖面，以便在地形剖面图上反映实习路线地质的情况。首先要确定剖面的地点、剖面方向、剖面长度，并根据精度要求确定剖面的比例尺。绘制步骤与前一方法相似，差别在于水平距离和高差是靠现场观测来确定。这时，确定好水平距离和高差便成为画好地形剖面图的关键。当剖面较短时，水平距离和高差可以丈量或步测，剖面较长时，只能用目估法或参考地形图来计算水平距离和高差或根据气压计来计算高程。勾画地形剖面图一般是分段进行，即观测一段距离后就勾画一段，否则容易画错、失真。如果技巧熟练，地形不复杂时，也可一气呵成。

## 二、利用地形图在野外定点

在进行野外地质工作时，经常需要把一些观测点（如地质点、矿点、工点、水文点等）较准确地标绘在地形图中，在区域地质测量工作中称为定点。

利用地形图定点一般有以下两种方法。

（1）在精度要求不是很高时（如小比例尺填图或草测），可用目估法进行定点，也就是说，根据测点周围地形、地物的距离和方位的相互关系，用眼睛来判断测点在地形图上的位置。

用目估法定点时,首先在观测点上利用罗盘仪使地形图定向,即将罗盘仪长边靠着地形图东边或西边图框,整体移动地形图和罗盘仪,使指北针对准刻度盘的0°,此时图框上方正北方向与观测点位置的正北方向相符,即此时地形图的东南西北方向与实地的东南西北方向相符。这时一些线性地物如河流、公路的延长方向应与地形图上所标注的该河流或公路相平行。

地形图定向后,注意找寻和观察观测点周围具有特征性的且在图上易于找到的地形、地物,并估计它们与观测点的相对位置(如方向、距离等)关系,然后根据这种相互关系在地形图上找出观测点的位置,并标在图上。

(2) 在进行比例尺稍大的地质测量工作中,若精度要求较高,则需用交会法来定点。

首先用地形图定向(方法与目估法相同)。然后在观测点附近找三个不在一条直线上且在地形图上已表示出来的已知点,如三角点、山顶、建筑物等,分别用罗盘仪测量观测点在它们的某一方向。此时罗盘仪的对物觇板对着观测者(因观测者所在位置是未知数),竖起觇板小孔,通过小孔和反光镜之中线再瞄准所选之三角点或山头,当三点连成直线且水泡居中时,读出指北针所指读数即为该测线之方位,即观测点位于已知点的具体方向,将三条测线方位记录之。

在图上找到各已知点,用量角器作图,在地形图上分别绘出通过三条已知的测线,三条测线之交点应为所求之测点位置。如三条测线不相交于一点(因测量误差)而交成三角形(称为误差三角形),测点位置应取误差三角形之小点。

具体应用时应注意两点:

(1) 量测线方向时,如罗盘仪砚板对着已知点瞄准,则指南针所指读数为所求观察点之方位。指北针所指读数则是已知点位于此观测点之方向。为了避免混乱,一般采用罗盘仪对物砚板对着未知数(所求点之方向)读指北针所指数的方法。

(2) 用量角器将所测的测线方向画在图上时,应注意采用地理坐标而不是按罗盘仪上所注方位。

实际工作时,往往是目估法和交会法同时使用,相互校正,使观测点定得更为准确。例如用三点交会法画出误差三角形后,用目估法找出测点附近特殊之地形物和高程来校对点之位置。

# 第三章 野外地质工作方法

## 第一节 野外地质记录

进行野外地质观察时,必须做好记录,地质记录是最宝贵的原始资料,是进行综合分析和进一步研究的基础,也是地质工作成果的表现之一。

### 一、野外地质记录要求

(一)详细记录

包括地质内容和具体地点两方面的详细记录。即应将看到的地质现象以及分析、判断和预测应该毫无遗漏地、不厌其烦地记录下来。同时要详细说明是在什么地点看到的,以便在隔了很长时间后也能根据记录找到该点。

(二)客观地反映实际情况

在野外看到什么、记录什么,应如实反映,不能凭主观随意夸大或缩小或歪曲。但允许在记录时表示对地质现象的分析、判断。因为这有助于提高观察的预见性,促进对问题认识的深化。记录不是照相,不是机械地抄录,记录过程也是地质工作者对客观事物规律的探索过程。不过,哪些内容是实际看到的,哪些内容是分析、判断的,应分别开来,不能混淆,前者是不能随意更改的,后者可以根据认识的发展进行修正。

(三)记录清晰、美观,文字通达

这是衡量记录好坏的一个标准。这就要求地质工作者有较高的文字修养。

(四)图文并载

图是表现地质现象的重要手段,许多现象仅用文字是难以说清楚的,必须辅以插图。尤其是一些重要的地质现象,包括原生沉积的构造、结构、断层、褶皱、节理等构造变形特征,火成岩的原生构造、地层、岩体及其相互的接触关系、矿化特征,以及其他内、外动力地质现象,要尽可能地绘图表示,好的图件的价值大大超过单纯的文字记录。

### 二、地质记录的方式和内容

(一)地质记录的方式

一种是专题研究的地质记录,专门观察研究某一地质问题,如研究某种地层、某些岩石、某一矿床、某种构造、某一沉积现象等。其记录方式应根据研究的内容而定,不受任何规格限制。

另一种是综合性地质观察的记录,要全面和系统地对某一地区进行综合性地质调查。如进行区域地质测量,常采用观察点与观察线相结合的记录方法。观察点是观察的点的位置,是地质上具有关联性、代表性、特征性的地点,或者是地层的变化处、构造接触线上、岩体和矿体出现的位置以及其他重要地质现象所在处。观察线是连接观察点之间的连续路线,即沿途观察,达到将观察点之间的情况联系起来之目的,是观察和记录的一般对象。

(二)地质记录的内容

(1)日期和天气:记录工作当天的日期和天晴或天阴等。

(2)实习地区的地名。

(3)路线:从何处经过何处到何处,要写得具体清楚。

(4)观察点编号:可从01开始依次为02,03……

(5)观察点位置:尽可能交代详细,如在什么山、什么村庄的什么方向,距离是多少,是在大道旁还是在公路边,是在山坡上还是在沟谷里,是在河谷的凹岸还是在凸岸,等等,还要记录观察点的标高,即海拔高度,可根据地形图判读出来。观察点的位置要在相应的地形图上确定并标示出来。

(6)观察目的:说明在本观察点着重观察的对象是什么,如观察某一时代的地层及接触关系,观察某种构造现象(如断层、褶皱……),观察火成岩的特征,观察某种外动力地质现象等。

(7)观察内容:详细记录观察的现象,这是观察记录的实质部分。观察的重点不同,相应地有不同的记录内容。如果观察对象是层状地质体,则可按以下程序记录:

① 岩石名称,岩性特征,包括岩石的颜色、矿物组成、结构、构造等;

② 化石情况,有无化石,化石的多少,保存状况,化石名称;

③ 岩层时代的确定;

④ 岩层的垂直变化,相邻地层间的接触关系,列出证据;

⑤ 岩层产状,按方位角的格式进行记录;

⑥ 岩层出露处的褶皱状况,岩层所在构造部位的判断,是褶皱的翼部还是轴部等;

⑦ 岩层节理的发育状况,节理的性质、密集程度,节理的产状,尤其是节理延伸的方向;岩层破碎与否,破碎程度,断层存在与否及其性质、证据、断层产状等;

⑧ 地貌、第四系、水文特征及其他外动力地质现象;

⑨ 标本的编号,如采集的标本、样品或进行照相等,应加以相应的标注;

⑩ 补充记录上述内容尚未包括的现象。

例如观测点为侵入体,除化石一项不记录外,其他项目应有相应的内容,如④项应为侵入接触关系或沉积接触关系;⑤项应为岩体,是岩脉、岩墙、岩床、岩株或岩基等;⑥项应为岩体侵入的构造部位是褶皱轴部或翼部,是否沿断层或某种破裂面侵入等。

上述记录内容是全面的,但在实际运用时,应根据观察点的性质而有所侧重。

(8)沿途观察、记录相邻观察点之间的各项地质现象,使点与点之间的关系连接起来。

(9)绘各种素描图、剖面图,一般在记录簿的右页记录,在左页绘图。

(10)路线小结,扼要说明当天工作的主要成果,尚存在哪些疑点或应注意之点。

以上记录项目应逐项分开,除日期和天气在同一格内之外,其余各项均要另起新行。

## 第二节　绘制地层剖面示意图

### 一、地层剖面示意图内容

地层剖面图是表示地层在野外暴露的实际情况的概略性图件，用于路线地质工作。它是在勾绘地形轮廓的剖面上进一步反映某一或某些地层的产状、分层、岩性、化石产出部位、地层厚度以及接触关系等地层的特征。

地层剖面示意图的地形剖面和地层分层的厚度是目估的而非实际测量，这是它与地层实测剖面图的主要区别。

### 二、绘图步骤

(1) 确定剖面方向，一般均要求与地层走向线垂直。

(2) 选定比例尺，使绘出的剖面图不致过长或过短，同时又能满足表示各分层的需要。当实际剖面长、地层分层内容多而复杂时，剖面图要长一些，相反则短一些。一般来说，一张图尽量控制在记录簿的长度以内，对于绘图和阅读都比较方便。如果实际剖面长度是 30 m，其分层厚度达数米以上时，则可用 1∶200 或 1∶300 的比例尺作图。

(3) 按选取的剖面方向和比例尺勾绘地形轮廓，地形的高低起伏要符合实际情况。

(4) 将地层及其分层的界线按该地层的真倾角数值用直线画在地形剖面相应点之下方，这时，从图上就可量出各地层及其分层的真厚度，注意检查图上反映出的厚度与目估的实际厚度是否一致，如不一致，须找出绘图中的问题所在，加以修正。

(5) 用各种通用的花纹和代号表示各地层及分层的岩性、接触关系和时代，并标记出化石产出部位、地层产状。

(6) 标出图名、图例、比例尺、方向及剖面图上地物的名称。

## 第三节　绘制顺手地质剖面图

如果是横穿构造线走向进行综合地质观察时，应绘制顺手(或称"信手")地质剖面图，它表示横穿构造线方向上地质构造在地表以下的情况，这是一种综合性的图件，既要表示出地层，又要表示出构造，还要表示火成岩和其他地质现象、地形起伏、地物名称以及其他需要表示的综合性内容。路线地质剖面图是在野外观察过程中绘成的，而不是在地质图上切下来的。绘好路线地质剖面图是地质工作者的一项重要基本功，必须掌握。

路线地质剖面图中的地形起伏轮廓是目估的，但要基本反映实际情况，各种地质体之间的相对距离也是目测的，应基本正确，各地质体的产状则是实测的，绘图时，应力求准确。

图上内容应包括图名、剖面方向、比例尺(一般要求水平比例尺和垂直比例尺一致)、地形的轮廓、地层的层序、位置、代号、产状、岩体符号、岩体出露位置、岩性和代号、断层位置、性质、产状、地物名称等。

## 一、绘图步骤

（1）估计路线总长度，选择作图的比例尺，剖面图的长度尽量控制在记录簿的长度以内，当然，如果路线长、地质内容复杂，剖面可以绘得长一些。

（2）绘制地形剖面图，目估水平距离和地形转折点的高差，准确判断山坡坡度、山体大小，初学者易犯的错误是将山坡画陡了。一般山坡的坡度不超过 30°，更陡的山坡人是难以顺利通过的。

（3）在地形剖面的相应点上按实测的层面和断层面产状，画出各地层分界面及断层面的位置、倾向及倾角，在相应的部位画出岩体的位置和形态。相应层用线条连接以反映褶皱的存在和横剖面的特征。

（4）标注地层、岩体的岩性花纹、断层的走向、地层和岩体的代号、化石产地、取样位置等。

（5）写出图名、比例尺、剖面方向、地物名称、绘制图例符号及其说明，如为习惯用的图例，可以省略。

## 二、注意问题

顺手地质剖面图是反映地质工作者对该剖面上地质构造的观测结果并且结合了个人对该剖面地质构造在地下延展情况的分析、判断。绘好顺手地质剖面图必须注意三个方面：第一是观测仔细无误，第二是分析、判断正确，第三是作图技巧熟练。从作图技巧方面来说，应注意以下三个"准确"。

（1）地形剖面图要画准确。要练习目测的能力，力求正确反映水平距离与相对高差的关系，使地形起伏状况与实际情况相似。

（2）标志层和重要地质界线的位置要画准确。如断层位置、煤系地层位置、火成岩体位置等。

（3）岩层产状要画准确。尤其是倾向不能画反，倾角大小要符合实际情况。

此外，线条花纹要细致、均匀、美观，字体要工整，各项注记的布局要合理。

绘图技巧要在实践中反复练习才行。

当观察路线不能始终沿同一方向（一般都是垂直于构造线）连续进行时（如通行困难），可以沿走向平移，如平移距离大，在图上可标示出向何方向平移多少米。如观察路线基本上是横穿构造线，仅有局部性的变化（因道路有转折）时，图上不必标出改变的方向。

# 第四节　绘制野外地质素描图

在野外所见到的典型地质现象，小的如一块标本或一个露头上的原生沉积构造、次生的构造变形（断层和褶皱）剥蚀风化的现象；大的如一个山头甚至许多山头范围内的地质构造特征或内外动力地质现象（如冰蚀地形、河谷阶地、火山口地貌等），均可用地质素描图表示。素描图就是绘画，其原理就是绘画的原理，不过，地质素描则要考虑地质的内容，反映出地质构造形态的特征。

地质素描图类似于照相，但照相是纯直观的反映，而地质素描则可突出地质内容的重点,作者可以有所取舍。照相需要条件,地质素描则可随时进行。因而地质工作者应当学习地质素描的方法,作为进行地质调查的手段。

## 第五节 标本的采集

野外地质工作的过程是收集地质资料的过程,地质资料除了文字的记录和各种图件以外,标本则是不可缺少的实际资料。有了各种标本,就可以在室内进一步分析研究,使认识深化。因此,在野外必须注意采集标本。

根据用途,标本分为地层标本、岩石标本、化石标本、矿石标本以及专门用(薄片鉴定、同位素年龄测定、光谱分析、化学分析、构造定向等)的标本等。

标本应是新鲜的而不是风化的。

常用的是地层标本和岩石标本,对于这类标本的大小、形态有所要求,一般是长方形,规格是 3 cm×6 cm×9 cm。应在采石场、矿坑等人工开采地点或有利的自然露头上进行采集、加工、修饰。

化石标本力求是完整的。矿石标本要求能反映矿石的特征。

薄片鉴定、化学分析、光谱分析等项标本不求形状,但求新鲜,有适当数量即可。

标本采集后,要立即编号并用油漆或其他代用品写在标本的边角上,防止被磨掉。同时在剖面图或平面图上用相应的符号标出标本采集位置和编号,并在标本登记簿上登记,填写标签并包装。

化石标本特别要用棉花仔细包装,避免破损。

## 第六节 地质测绘的步骤和方法

### 一、实习区资料的收集

在对地质教学实习区进行地质测绘工作前,应收集整理以下资料:
(1) 地质教学实习区的地理位置、行政区划。
(2) 气候情况,包括气候类型、年平均气温、最高和最低气温、降雨量、无霜期、雨季等,以便确定最佳的野外工作时间。
(3) 经济情况,包括农作物、土特产、厂矿企业、收入来源等。
(4) 地形地貌,一定要有地形图。
(5) 交通状况。
(6) 历史地质资料,包括从古至今哪些人在此做过地质工作,区内发育的地层、褶皱、断裂构造、矿产以及前人对地质发展史的不同认识等。

### 二、路线踏勘

为了解地质教学实习区地层及主体构造,有必要选择地层出露较全、横穿或基本横穿主体构造线,且具有良好通行条件的几条路线进行踏勘,力求在踏勘期间见到本区出露的所有岩石和地层。

路线踏勘是野外地质工作的开始,必须做好记录。地质踏勘记录是最宝贵的原始资料,是进行综合分析和进一步研究的基础。

### 三、实测地质剖面的工作方法

（一）实测地质剖面的目的和意义

（1）实测地质剖面之目的在于查明地质教学实习区地层的层序、厚度、岩性、时代和地层的接触关系。

（2）实测地质剖面的另一目的是在一新地区工作或某地区缺乏地质资料或者没有搞清楚该地区地质条件的情况下,可初步了解该地区的地层和大致的地质构造情况,并为下一步地质工作和初步掌握地区的地层和构造起着控制作用。

（3）通过实测地质剖面,可以帮助找出标准层（标准层的标准是：① 地层层位稳定；② 广泛发育和出露；③ 厚度不大而且稳定；④ 岩性稳定；⑤ 含有标准化石）,可以计算每一层厚度。

（4）进行实测地质剖面是野外工作的一个基本方法,是划分地层和搞清某一方向构造关系的手段。

（二）实测地质剖面的适用条件

为了编制层位正常而完整的地质剖面图,要选择在露头良好、岩相与厚度变化小、构造变动不太强烈的地段上进行。构造过于复杂,会发生岩层重复和缺失的情况；构造过于简单,可能在相当长的距离上所测地层的厚度太大的地区,都不宜选作实测地质剖面图线。

（三）剖面线的布置原则

（1）布置原则：

① 露头良好,地层层序完全,接触关系清楚；

② 地质构造相对简单；

③ 通行、通视条件好；

④ 剖面线布置应垂直或近于垂直岩层走向；

⑤ 剖面线的方向与岩层的走向要互相垂直。

（2）剖面线要取直,尽量不要拐弯,要通过地层较全而且能反映一定的构造关系。实际上野外剖面线往往不可能取直,可以作适当的平移,或与倾向稍有一些角度。

（四）进行实测地质剖面的组织和分工

（1）进行实测地质剖面以5人一组为宜。

（2）明确分工：2人负责拉皮尺、打方位、量坡角,1人量产状及打标本和找化石,1人记录和作顺手地形地质剖面图,1人进行分层和描述岩性。

（五）进行实测地质剖面应准备的工具和物品

（1）皮尺。

（2）记录实测地质剖面的表格。

（3）地质罗盘仪。

(4) 标本袋。

(5) 其他：铅笔、小刀、铁锤、放大镜等。

(六) 实测地质剖面具体做法和注意事项

(1) 在选定剖面线后（通过踏勘后选定），确定好起始点，由起点开始编为0—1，1—2，2—3，…，点号，先量方位角、坡角（坡角要注意是仰角还是俯角，仰角为正，俯角为负）。

(2) 现场测量获取导线方位角、地形坡度、斜距、岩层产状、岩性等资料，需要小组人员分工合作完成：

① 前、后测手2人，测量导线方位和坡角，2人所测的方位和坡角相差不超过2°时，取其平均值，超过2°时，须重测；对地形坡度突变处，应分段测量。

② 分层1人，找露头和划分岩层，进行岩性描述。分层时，按测量精度确定最小地层单位，在一般情况下，比例为1∶1 000，则10 m厚度以上分层；岩层岩性有变化时，应分层；特殊地层（如标志层）不足10 m，也应分层，并在剖面图上夸大表示。

③ 打标本1人，打标本，找化石。每一层应有标本，要求标本的大小为2 cm×4 cm×6 cm，不得拣拾滚石。

④ 测量岩层产状1人，每一分层界限上、下的岩层都应测量产状。

⑤ 记录1人，将需记录的内容填表。

⑥ 画信手剖面图1人，剖面图中应反映导线长度、地形坡度、分层位置、分层号、岩性、岩层产状和标本位置。在实测地质剖面开始和结束时，前、后测手应协助记录者在地形图上确定实测地质剖面的起点和终点位置。

(3) 在剖面线方向如无露头出露，可沿剖面线两侧追索。

(4) 当岩性变化不大、坡角一致而皮尺又不够长时，可以布置一些转点而不作分层点。

(5) 划分层以分得细为好，但应避免分得过于细反而使对比产生困难（每一层必须有对应之标本、产状和化石）。

(6) 在实际测量过程中，5个人必须明确任务，互相配合。2人拉皮尺，前测手除负责拉皮尺外，还须协助考虑分层，但必须随着分层的人走，后测手除负责拉皮尺外，要量方位角、坡角，报读数给记录者，报数一定要清楚，以免记录错误，每测量完一次，前测手可在站立点处标上记号，往前一点去，而后测手找到记号再停下来测下一个点。记录员除负责记录外，可顺手画上地形草图，根据实际地形勾绘，量产状和打标本的人必须量得正确的地层产状，否则会影响地层厚度计算，沿剖面线两侧寻找露头量产状、分层的人，一定要告诉前测手地层分界线分在哪里。所以5个人必须密切配合，不要单独行动。

(7) 实测地层剖面资料的室内计算。

① 计算每一导线的水平距（$S=L\sin\alpha$）和高差（$H=L\cos\alpha$），并计算所有导线点和分层界限点的高程；

② 计算导线方位与岩层走向的夹角$\gamma$；

③ 根据式(1-3-1)计算岩层厚度：

$$h = L(\sin\alpha\cos\beta\sin\gamma \pm \cos\alpha\sin\beta) \tag{1-3-1}$$

式中，$h$为岩层厚度；$\alpha$为岩层倾角；$\beta$为坡角；$\gamma$为岩层走向与导线方位的夹角；当岩层倾向与地面坡向相反时，式中用"＋"，相同时，式中用"－"。

④ 绘制导线平面图。导线平面图是在计算导线水平距以后，在方格纸上绘制。首先确

定基线方位,其方法是在地形图上用量角器量测剖面起点到终点的方位。平面图的方位应为北、西在左边,南、东在右边;北西、南西在左边,北东、南东在右边。画图时,应注意起点的位置,如由南向北测量,则起点应在右边。具体作法见第四篇第二章图4-2-1。理论上,剖面的终点应在基线上,实际制图容许有偏差,但不能太大,一般不超过剖面总长的1%,并不超过5 m。如若偏差大,说明测量或计算有错误,应返工。

⑤ 绘制剖面图:

a. 沿岩层走向将导线点和地层分界点投影到基线上;

b. 在平面图的下方作一条基线,确定基线的高程为所测剖面地面最低点高程以下,具体数值依剖面图美观而定;

c. 作地形线,将导线平面图基线上的导线点投影到剖面图基线上,再根据各自高程作出剖面图的地形点,用光滑的曲线将这些点连接起来,即为地形线;

d. 投影地层分界点,将平面图基线上的地层分界点垂直投影在地形线上;

e. 根据岩层产状和剖面线方向与岩层走向的夹角确定岩层在剖面方向的视倾角,可以按 $\tan \alpha_1 = \tan \alpha \cos \gamma$(其中,$\alpha_1$ 为视倾角,$\alpha$ 为岩层倾角,$\gamma$ 为岩层倾向与剖面方向的夹角)计算,也可以查野外记录簿后面的换算表;

f. 根据岩层视倾角画地层界线和地层岩性花纹符号,地层界线一般长1.5 cm,岩性花纹一般长1.0 cm。如果确定是整合的地层,野外实际的产状不一致,则应画成渐变过渡的关系,切不可使地层界线或花纹符号相交;

g. 标出每一层的地层产状(倾向、倾角);

h. 标出高程、剖面方位、图名、比例尺,并填写责任表。

方格纸上的导线平面图和地层剖面图完成,交给老师检查合格后,清绘到透明纸上。

## 四、地质填图

经过路线踏勘和实测地质剖面,对地质教学实习地区的地质情况有了初步的了解,下一步进行的地质工作是地质填图。在开展实际填图工作之前,要对填图路线进行周密的安排。地质填图有两种基本方法,即穿越法和追索法,穿越法所选路线大致垂直岩层走向,追索法所选路线大致顺着岩层走向。具体填图路线由于受地形、地物等条件的限制,多采用"之"字形路线,即总体上穿越,局部追索。所选路线应符合填图精度的要求(一般1∶25 000地形地图要求线距不大于500 m,点距不大于250 m),露头良好,且能够通行。

地质填图路线的记录与踏勘的记录要求一致,有如下几种情况需要定点:

(1) 地层岩性分界点。

(2) 构造点(包括褶皱转折端、断层、节理、劈理、线理)。

(3) 水文地质点(井、泉等)。

(4) 工程地质点(滑坡、泥石流等)。

(5) 矿点。

(6) 控制点。如超过规定的间距,岩性没有变化,需定岩性控制点。

对于地层界限点和断层点,允许在地形图上沿走向两边延伸1 cm。每天从野外回来,应对当天资料进行整理。另外,在地质填图过程中,有时要进行节理统计,每小组统计的节理数须大于50条,以便在室内作节理走向或倾向玫瑰花图。

# 第四章  编写地质教学实习报告书

地质教学实习报告书是对地质教学实习中见到的各种地质现象和内容加以综合、分析和概括并用简练流畅的文字表达出来的一种文字报告。编写地质教学实习报告书是对实习内容的系统化、巩固和提高的过程,是编写建设部门正式使用的地质报告书的入门尝试,是进行地质逻辑思维、综合分析和推理的严格训练。报告书要求以野外收集的地质素材为依据,要有鲜明的主题,确切的依据,严密的逻辑性,要简明扼要,图文并茂。报告书必须是通过自己的组织加工写出来的,切勿照抄书本。

室内编写的地质教学实习报告书应包括如下内容:

第一章  绪言

1. 地质教学实习区概述,包括实习区的交通位置、行政区划、经纬度、大地构造位置、交通、地貌、水文、气候概况(附交通位置图)。

2. 地质教学实习的目的、要求、日期及组织形式;教学实习方法和教学实习成果。附实际材料图。

第二章  地质教学实习区地质调查研究史

第三章  地层

1. 区域地层概述:首先简述地质教学实习区出露的地层及分布的特点,然后按地层时代自老至新进行地层描述。分段描述各时代地层时应包括分布和发育概况、岩性和所含化石、与下伏地层的接触关系、厚度等(附素描图)。岩浆岩简述。附实测地层剖面图、斜层理、泥裂素描图。

2. 岩层:描述各种岩体的岩石特征、产状、形态、规模、出露地点、所在构造部位以及含矿情况(附剖面图、素描图)。

第四章  地质构造

概述地质教学实习区在大一级构造中的位置和总的构造特征,分别叙述地质教学实习区的褶皱和断裂。

1. 褶皱:褶皱名称(如玉皇山向斜),组成褶皱核部地层时代及两翼地层时代、产状、枢纽、轴面、展布情况,褶皱横剖面及纵剖面特征(附素描图、剖面图),并附轴面和枢纽的水平投影。

2. 断层:断层名称、断层性质,上盘与下盘(或左右盘)地层时代,断层面的产状,野外识别标志,断层证据(附素描图、剖面图)。

3. 节理:节理发育组数、方向、发育程度及调查方法、与实习区内构造的关系。附节理走向或倾向玫瑰花图。

4. 阐述褶皱与断裂在空间分布上的特点。

5. 地质教学实习区内构造成因分析。

### 第五章 地质发展阶段简述

根据地层的顺序、岩性特征、接触关系、构造运动情况、岩浆活动过程等,说明地质教学实习区地质历史上有哪些阶段,每阶段有哪些事件和特征。

### 第六章 其他方面,包括外动力地质现象

1. 结束语:说明地质教学实习后的体会、感想、意见和要求。

2. 地质教学实习报告书中,文字要工整,图件要美观。报告书应有封面、题目、写作人专业、班级、姓名、写作日期等,并进行装订。

附:地质图、图切地质剖面图和地层柱状图。

# 第二篇　杭州地质教学实习区

## 第一章　杭州地质教学实习区概况

杭州地质教学实习区位于杭州市区和近郊一带，其地理位置为东经 120°10′，北纬 30°14′，处于杭州湾西北部、长江三角洲之南缘。自然区划上属浙西丘陵区，系天目山余脉。杭州地质教学实习区还包括湖州白鹤岭滑坡工点等地区。

### 第一节　教学实习区的自然地理条件

杭州地区总的地形由西南向东北降低，主要山脉分布在杭州的西南部，有老和山、北高峰、飞来峰、南高峰、青龙山、玉皇山、将台山、城隍山、凤凰山等。这些山脉的分布与地质构造线基本一致，大致呈 NE—SW 向，由于受岩性、构造（褶皱、断裂）、地表水和地下水的冲刷侵蚀等因素的作用，因而地形变化较大。地貌单元可分为低山区、丘陵区和平原区。

**一、低山区**

西湖附近一带低山区，由石炭系、二叠系灰岩及泥盆系砂岩等岩层组成，岩性较坚硬，地形较陡，地形坡度一般在 30°～40°，由于地质构造运动的影响，岩层遭受破坏，裂隙较发育；在石灰岩地区，由于地下水的侵蚀作用，形成多层岩溶（喀斯特）地形。

**二、丘陵区**

杭州宝石山一带，是侏罗系火山岩（紫红色流纹英安质玻屑凝灰岩、熔结凝灰岩、凝灰质粉砂岩夹黄绿色沉凝灰岩、流纹质含碧玉团块玻屑熔结凝灰岩等）。因受剥蚀作用较强，山岭平坦，呈馒头状，地形坡度一般在 15°～20°，相对高度小于 200.0 m。

**三、平原区**

分布在杭州的东北部，标高在 9.00 m 以下，一般地形均较平缓，小河、池塘密集，土地肥沃，以种植土、红壤分布最广。

## 第二节　教学实习区的气象、水文条件概述

### 一、气象

#### (一)气温

教学实习区属温湿海洋型季风气候区,年平均气温14.5~16.32℃,1月份最冷,平均气温3.3~4.3℃;7月份最热,平均气温28.8℃,最高气温达40.5~42.1℃。多年各月平均气温如表2.1.1所列。

表2.1.1　多年各月平均气温

| 月份 | 1 | 2 | 3 | 4 | 5 | 6 | 平均气温 14.5~16.32℃ |
|---|---|---|---|---|---|---|---|
| 温度/℃ | 3.3~4.3 | 5.2 | 9.4 | 13.4 | 20.4 | 24.7 | |
| 月份 | 7 | 8 | 9 | 10 | 11 | 12 | |
| 温度/℃ | 28.8 | 25.8 | 23.8 | 17.9 | 12.1 | 6.4 | |

#### (二)降水量

教学实习区内年平均降水量1 489.7~1 600.4 mm,常年降水平均日数为178 d。1926年为降水量最多的一年,达2 159.2 mm,1924年为最少的一年,仅1 043.5 mm。5月、6月份盛行东南风,带来大量降水,占全年降水量28%。降水强度小,持续时间长,有利于渗入补给地下水。8月份因受东南风及台风的影响形成一个降水高峰,占全年降水量的12%,雨量较集中,最易造成洪涝灾害。8月份以后因受副热带高压控制,雨量稀少,形成旱季,最长可达50多天。

#### (三)蒸发量

教学实习区内年平均蒸发量为1 139.9~1 377.0 mm;9月份蒸发量最大,平均为95.6 mm;12月份最小,平均为34.2 mm。多年各月份平均蒸发量如表2.1.2所列。

将降水量与蒸发量相比,除7月、9月两个月以外,全年绝大部分时间的降雨量大于蒸发量。

表2.1.2　多年各月份平均蒸发量

| 月份 | 1 | 2 | 3 | 4 | 5 | 6 |
|---|---|---|---|---|---|---|
| 蒸发量/mm | 32.77 | 34.33 | 73.33 | 65.03 | 32.00 | 34.40 |
| 月份 | 7 | 8 | 9 | 10 | 11 | 12 |
| 蒸发量/mm | 73.24 | 79.26 | 95.60 | 73.30 | 41.57 | 34.20 |

#### (四)湿度

教学实习区内水系河道颇多,东南濒临钱塘江,故湿度甚大。根据1965年后34年的平均资料,相对湿度为80%,冬、夏季变化不大,最大变化量不超过4%;绝对湿度在7月中旬最大,在1月中旬最小。

## 二、水文

杭州地质教学实习地区地面水系非常发育,主要河流有钱塘江、苕溪及运河,湖泊有杭州西湖及零星分布的池塘,这些地表水系与实习区内自然环境有很大关系。

### (一)钱塘江

钱塘江位于杭州市东南部,向东北流经杭州湾注入东海,潮汐十分显著,最高水位为10.50 m,最低水位为4.90 m,平均水位为7.36 m,最大流量为10.00 m³/s,由于受潮汐作用影响,江水含盐量比一般河流高。

### (二)杭州西湖

杭州西湖为天然水库,水面面积为5.66 km²,水量主要接受降水和山区地下水的补给,平均水位为6.00 m,估计储量为1 000万 m³。

# 第二章 杭州地质教学实习区的地质条件

## 第一节 地质教学实习区的地层

杭州地区东、北部平原区多被第四系地层覆盖,中部及西、南部低山丘陵区基岩大面积广泛出露,大致以西湖为中心,西、南两侧呈弧形环抱,从外围向内古生界沉积岩层及中生界火山碎屑岩系由老到新依次呈弧圈形条带状出露。岩浆侵入岩除在上天竺新近发现有辉石闪长岩小岩体局部出露外,主要为中—酸性岩脉零星分布。现将杭州地质教学实习区内出露的地层[见附图1(杭州地质图)]从老至新分述如下。

奥陶系(O):实习区内最老地层,仅出露其上统的上部分。

上统上段文昌组($O_3^3w$):厚322.0 m以上。下部为黄绿、灰褐色中厚、厚层岩屑粉砂岩、细砂岩及砂质泥岩交互而成的类复理式韵律层。上部为褐灰色中厚层岩屑细砂岩,夹薄层泥岩、粉砂岩。实习路线上未见到。

志留系(S):总厚约1 393.0 m。

下统下段安吉组($S_1^1a$):厚161.0 m。下部为灰黄、黄绿色泥岩,夹粉砂质泥岩、泥质粉砂岩,产腕足、三叶虫、腹足类化石。上部为灰褐色、黄绿色中厚层粉细砂岩,夹薄层泥岩。与下伏文昌组整合接触。实习路线上未见到。

下统上段大白地组($S_1^2d$):厚200.0~250.0 m。灰白、灰棕色中厚层岩屑石英中细砂岩,夹粉砂岩,产腕足类化石。整合于安吉组之上。实习路线上未见到。

中统康山组($S_2k$):厚310.0~330.0 m。下段为灰黄色中厚层中、细砂岩,夹粉砂质泥岩薄层及条带。中段为灰黄、灰绿色中厚、薄层泥岩,夹粉砂质泥岩、粉砂岩。上段为灰黄色中厚、厚层岩屑中细砂岩,夹泥岩、粉砂岩薄层。与下伏大白地组整合接触。实习路线上未见到。

上统唐家坞组($S_3t$):厚约667.0 m,下段为青灰、灰绿、灰紫色石英长石细砂岩、粉砂岩,下部具水平、微斜及波状层理,可见流水波痕,上部层理不发育,为一厚层块状层,剖面常具下细上粗的逆粒序韵律结构。中段底部具冲刷面,为灰、灰绿色长石、石英中、细砂岩,岩性单一,层理不明显,有时具低角度交错层理。上段为紫色厚层岩屑石英细中砂岩,向上石英含量增多,粒度变粗并含少量砾石,上部具板状交错层理、流水波浪,并可见冲刷面。与下伏康山组整合接触。实习路线于老和山西北坡及钱塘江北岸均有出露。本组地层时代以前一直定为泥盆系下、中统($D_{1+2}$),据1987年7月浙江区调大队杭州城市区域地质调查报告资料,主要依据孢粉化石及区域地层对比,划归志留系上统($S_3$)。

泥盆系(D):下、中统地层在本区缺失。

上统下段西湖组($D_3^1x$):厚约286.0 m。下部为浅灰、灰白色中厚层石英含砾粗、中砂岩、细中砂岩,具大型斜层理及楔状层理,常见冲刷面。中部为灰白、白色厚、中厚层石英砂砾岩、粗砂岩、粗中砂岩,粒度粗并多具粒序韵律结构;具水平大型低角度斜交层理。上部为浅灰色中厚、薄层中细砂岩，常夹粉细砂岩及粉砂质泥岩薄层，多具缓波状层理，向上粒度变细、夹层增多。假整合于唐家坞组之上。在实习路线的老和山、白塔山、天马山—中天竺等地广泛分布。

上统上段珠藏坞组（$D_3^2z$）：厚 160.0～180.0 m。下部为紫红色、灰黄色薄层泥岩、粉砂质泥岩及泥质粉砂岩，夹浅灰色中厚、厚层石英细、中砂岩及含砾粗砂岩，富含白云母片。上部为灰白色中厚、厚层石英细、中砂岩及含砾粗砂岩，富含白云母片，偶夹紫红色薄层泥岩、泥质粉砂岩。本组砂岩富含白云母片，分选磨圆较差有别于西湖组，砂岩向上增多并粒度变粗，与下伏西湖组整合接触。在实习路线天化山、马儿山、梯云岭、青龙山、白塔山、下天竺等地均有出露。本组地层时代以前定为 $C_1$，据 1987 年 7 月杭州城市区域地质调查报告资料，依据雪茄鳞孢穗（Lepidostrobus graui Sze）、亚鳞木（Sublepidodendron sp.）等化石及孢粉化石，结合区域地层对比，划归为 $D_3^2$。

石炭系（C）：本区缺失下统地层。

中统黄龙组（$C_2h$）：厚 150.0～170.0 m。下段底部为厚 2.0 m 的砂质白云岩，含腕足类化石；下部为浅灰白色泥晶、细晶白云岩及粗晶灰岩，上部为浅灰色厚层、块状微晶、泥晶、细晶生物碎屑灰岩，夹硅质灰岩。上段为深灰色厚层、块状微晶、泥晶生物碎屑灰岩及含生物碎屑灰岩，缝合线发育，含纺锤虫、牙形刺、藻类及腕足类化石，与下伏珠藏坞组假整合接触，在实习路线玉皇山、九曜山、龙井、飞来峰、万松岭等地广泛出露。

上统船山组（$C_3c$）：厚 118.0～200.0 m。下段为灰黑色厚层、块状微晶、细晶、泥晶生物碎屑灰岩，夹砂屑、硅质团块灰岩。中段为浅灰色厚层、块状微晶含"船山球"生物碎屑灰岩，夹含碎屑泥质灰岩，其"船山球"为一种生物成因的藻类结核。上段为深灰色厚层、块状微晶、泥晶生物碎屑灰岩，含燧石团块。产麦粒蜓、假希氏蜓、有孔虫及藻类化石。本组以中部含"船山球"及富含蜓类化石为其特征。整合于黄龙组之上。实习路线上分布与黄龙组相一致。

二叠系（P）：本区仅有下统地层出露。

下统下段栖霞组（$P_1^1q$）：厚 240.0～320.0 m。下部为灰黑色含燧石条带灰岩，夹硅质灰岩。中部为灰黑色中厚层块状含生物灰岩，夹白云质灰岩、含燧石结核灰岩。上部为深黄色中厚—薄层状含燧石条带灰岩，夹泥质灰岩、硅质灰岩。产希氏蜓、米斯蜓、格子蜓及多壁珊瑚等动物化石。与下伏船山组整合接触。在实习路线玉皇山、九曜山、万松岭等处可见。

下统上段丁家山组（$P_1^2d$）：厚 140.0 m 以上。主要为灰黑色硅质页岩、硅质岩，夹薄层灰岩、粉砂岩。产腹棱菊石、围脊贝等化石。整合于栖霞组之上。仅见于西湖畔的丁家山及万松岭西坡。

上二叠统（$P_2$）：本区缺失三叠系（T）及侏罗系下、中统（$J_{1+2}$）地层。

侏罗系（J）：区内仅出露上统上段。

上统黄尖组上段（$J_3h^3$）：厚 630.0 m 以上。为一套酸、中酸性火山碎屑岩系，其层位相当于黄尖组上部第三段。下部亚段厚 176.0 m 以上，自下而上为流纹英安质灰绿色角砾凝灰岩、灰紫色熔结凝灰岩，灰黄、灰绿色沉凝灰岩夹凝灰质砂岩。中部亚段厚约 100.0 m，自下而上为灰紫、紫红色流纹英安质玻屑凝灰岩、熔结凝灰岩、凝灰质粉砂岩夹黄绿色沉凝灰岩。上部亚段厚度大于 354.0 m，依次为紫灰，紫红色流纹质玻屑晶屑熔结凝灰岩；含角砾及少量碧玉团块熔结凝灰岩、玻屑熔结凝灰岩、含大量碧玉团块熔结凝灰岩。各亚段的岩性序列分别代表火山喷发的一个小旋回。与下伏地层不整合接触。栖霞岭、葛岭、宝石山、孤山一带有出露。

白垩系(K)：区内仅出露下统地层。

下统朝川组($K_1c$)：厚度 700.0 m 以上。主要为紫红色及杂色凝灰质砂岩、砂砾岩，粉砂岩、泥岩，常含钙质，具斜层理及交错层理。不整合覆盖于下伏老地层之上。区内仅于九溪一带坡麓地带断续出露，层位属朝川组下段，未见顶界。

白垩系上统($K_2$)及古近系(E)和新近系(N)地层均缺失。

第四系(Q)：本区缺失下更新统($Q_1$)。

中更新统之江组($Q_2z$)：厚 4.0~22.0 m。下部为棕黄、褐黄色含黏土砾石层、砂砾层，上部为棕红色网纹状黏土、粉质黏土层，常混碎石、砾石。黏土之网纹为灰白色呈蠕虫状，系水沿裂隙、孔隙渗入黏土，进一步风化淋滤，铁质流失，形成的灰白色铝土质网纹。属洪积、坡洪积、残坡积相沉积，分布于山麓、沟口地带，实习路线六和塔以西钱江沿岸、老和山山麓均可见不整合覆于基岩之上。

上更新统莲花组($Q_3l$)：厚 3.0~20.0 m。下部为褐黄色砂砾层，夹粉质黏土层，上部为棕黄色粉质黏土层含砂、砾石。属冲洪积及坡洪积相沉积，分布于较大沟谷的沟谷口及山前地带，实习路线八卦田、飞来峰山麓有分布。

全新统滨海组($Q_4b$)：山麓沟谷地带为洪冲积黄灰色砂砾层，砂质粉土夹粉质黏土透镜体，厚 3.0~8.0 m，九溪及灵隐至植物园、龙井至丁家山沿河床沟谷平原均有分布。西湖及平原区下部为浅海相砂质粉土夹细砂层，上部为冲湖相灰、灰黑色粉质黏土层（西湖及北部平原）及冲海相黄灰色砂质粉土、粉细砂层（钱江沿岸及东部平原），厚 13.0~42.0 m，分布广泛。

教学实习区内岩浆侵入岩分布零星，实习路线上仅在上天竺附近、公路南东侧见一小岩体，侵入于西湖组($D_3^1x$)地层中，为辉石闪长岩体，深灰色，细粒结构，以斜长石、角闪石为主，含少量正长石、石英、黑云母及辉石，暗色矿物多已为绿泥石或方解石交代。其侵入时代为燕山早期第一阶段，相当于晚侏罗世，与上侏罗统黄尖组火山岩的地层时代基本一致。据物探及区域资料，深部有相当规模的中酸性花岗闪长岩的隐伏岩体存在，出露岩体为其在地表的局部露头，辉石闪长岩应为花岗闪长岩体的分异产物。

# 第二节　地质教学实习区的地质构造

杭州地区大地构造位置属扬子准地台，钱塘台坳，余杭—嘉兴台陷。区域构造为西湖复向斜。南东侧为北东向萧山—球川深断裂沿富春江、钱塘江一线展布，北西侧为北东向茅草山—古荡隐伏断裂，向斜南西端为北西向孝丰—三门湾大断裂沿留下镇西南横街上—茶科所一线所切割，而北东端为北西向祥符桥—南星桥隐伏断裂所截。

按构造体系划分轴向北东的西湖复向斜及两侧之北东向断裂带属华夏系的主体构造，北西向断裂为与其伴生的横向断裂。本区又位于新华夏系第二巨型隆起带上，受后期新华夏系断裂的叠加、改造。临安山字型构造之脊柱在本区梅家坞西侧，地层走向近南北及由一系列南北向压性断裂所组成，使构造进一步复杂化。

地质教学实习区内褶皱、断裂均较发育。西湖复向斜由一系列次级背斜、向斜相间排列而成，形迹明显。断裂有：华夏系北东向走向压性断裂及其伴生的北西向横向张性断裂，新华夏系北北东向压性断裂和其伴生的北北西向、北东东向扭性断裂以及近南北向断裂。现将实习区内构造分述如下。其地质构造见附图1(杭州地质图)。

一、褶皱

从本区地层总体分布可见,大致以西湖为核心,西、南两侧弧形环抱,呈弧圈形条带状展布,外圈为奥陶系、志留系老地层,核部为较新的下二叠统地层(老包新),自外而内由老到新依次出露。其地层产状北西翼倾向南东、南东翼倾向北西,南西端倾向北东并呈弧形封闭,逐渐内倾转折。因而总体构造形态为一北东向延伸并向南西扬起的向斜构造,其轴部位于龙井、南高峰、三台山、丁家山一线,轴向约 NE55°,枢纽倾伏角约 25°,出露长约 15 km 以上(南西翘起端延伸于区外),宽约 8 km,为短轴向斜。

从杭州地质图中还可看出,古生代地层总体呈弧形展布,每一地层界线又多具次级弯曲,内弯、外弯有规律地相间排列。内弯者南西端封闭地层内倾转折(老包新)、北东端张开,构成向南西扬起之次级向斜。外弯者北东端封闭地层外倾转折(新包老)、南西端张开,构成向北东倾伏之次级背斜。这些相间有规律排列的次级向斜、背斜,使总体向斜构造形态进一步复杂化,成为一复式向斜构造,称之为"西湖复向斜"。

西湖复向斜的次级褶皱,自北西向南东主要有龙驹坞倒转背斜、飞来峰向斜、天马山背斜、南高峰向斜、青龙山背斜、玉皇山向斜、凤凰山背斜等(图 2-2-1)。次级褶皱轴向均为北东、枢纽南西翘起向北东倾伏,与复向斜一致,并且多为不对称的轴面倾斜的歪斜褶皱及倒转褶皱,轴面倾角较陡,多为80°左右。次级褶皱受断层切割后使形态复杂或不完整,少数次级褶皱已不易辨认。

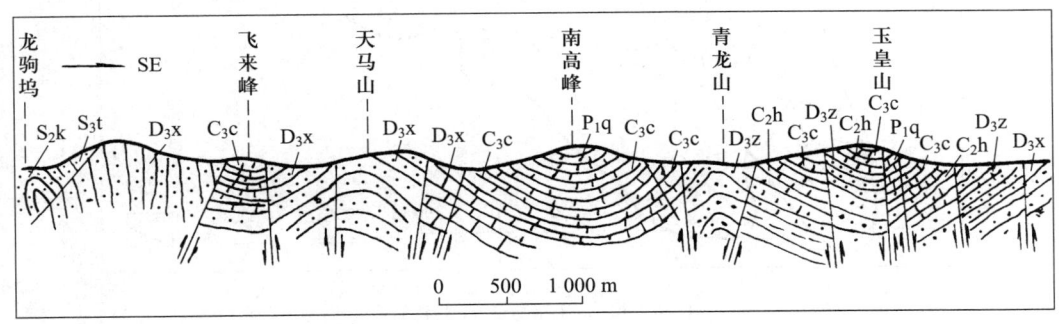

图 2-2-1　西湖复向斜剖面示意图(局部)

二、断裂

地质教学实习区内断裂发育,分组叙述如下:

北东向断裂:本组断裂主要有:浙大—大湾山、玉泉—大清里断裂组,青龙山—梵村、梯云岭—红庙山断裂组,里鸡笼山—梅家坞断裂组等。断层走向 NE40°～50°,多倾向 SE,倾角60°～75°,断层面多呈舒缓波状,为走向冲断层。实习路线所见之玉皇山断层、玉皇山西坡断层、梯云岭断层、天马山断层、飞来峰南东坡断层、老和山断层均属此组断裂。

北西向断裂:本组断裂主要有大清里断层、文碧山断层、龙井村断层、美人峰—老和山的一系列断层等。断层走向 NW300°～340°,倾角较陡或近直立,多为正断层,规模小而密度大,一般为横切断层。

受后期新华夏系断裂的一组扭裂面所归并利用,断层多具扭性,有时表现为平移断层。实习路线的白塔山断层、万松岭断层等属该组。

北北东向断裂:主要有将台山断层、上天竺断层、杨家牌楼断层、栖霞岭断层等。断层走向NE15°～25°,个别达NE35°,倾角55°～70°,均为逆断层。实习路线可见栖霞岭断层。

北东东向断裂:主要分布在五云山、云居山、将军山、黄龙洞等处,断层走向NE70°左右,倾角较陡,为压扭性断裂。规模小、分布零星,实习路线未见到。

南北向断裂:仅见于梅家坞西侧庙坞头一线,为一系列南北向、其断层面直立的压性断层。该处地层走向亦近南北向,共同组成临安山字型构造之脊柱。实习路线未见到。

地质教学实习区内岩层节理普遍发育,且方向有多组,沿上述各组断层之方向均有发育。葛岭一带黄尖组火山岩中,在新华夏系构造区域应力场作用下,沿两组扭裂方向普遍发育两组共轭剪节理,一组方向为NW310°～350°,另一组为NE70°～80°,节理面近直立,平整光滑,延伸性好,组成典型的"棋盘格式构造"(图2-2-2)。

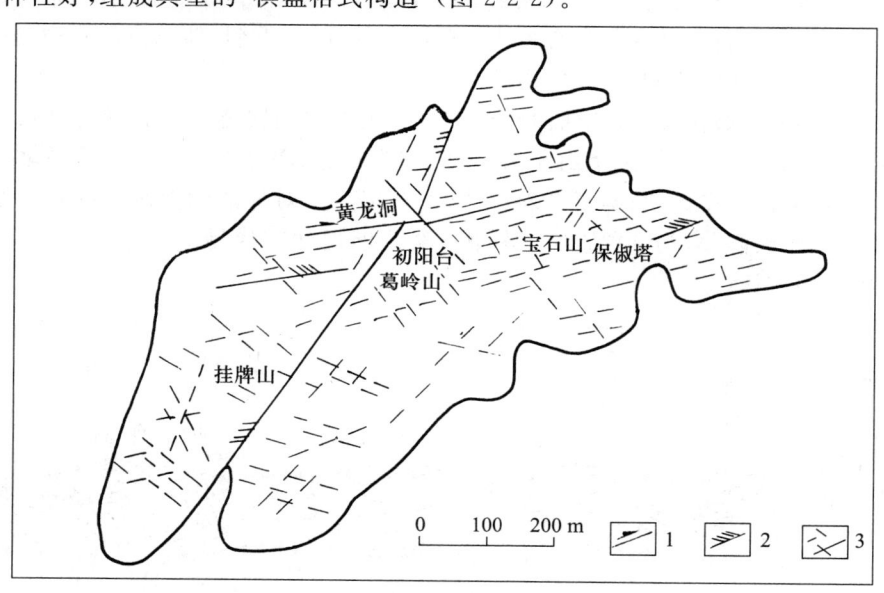

1. 扭断层;2. 压扭断层;3. 共轭裂隙

图 2-2-2　葛岭一带棋盘格式构造图

在压性及扭性断层破裂带上,断层错动所派生的次级节理,常构成密集节理带,根据节理与断层面的相互关系,可判别断层两盘相互运动的方向。

# 第三节　地质教学实习区的山水地貌

杭州西郊群山环抱西湖,水光潋滟,山色葱郁,北、东一片为广阔平原。杭州山水有湖光山色之胜和山、石、洞、泉之美,地貌类型多样,它们都是在漫长的地质历史中受地壳运动所造成的地质构造及地层岩性的控制,是各种外动力地质作用长期塑造的结果。

北东向延伸并向南西扬起的西湖复向斜构造,使杭州地势自南西向北东逐渐降低。实习区内总体可分为山地、平原两大地貌单元。西湖的西、西南大部地区为低山丘陵区,外围北、东、南侧为平原区。低山丘陵区内又可进一步分为低山丘陵与山麓沟谷两个小区。平原区也可分为西湖及北侧苕溪流域的湖沼冲积平原小区和东南侧钱塘江流域的冲海积平原小区。

## 一、低山丘陵区

地质教学实习区内受构造控制,山丘走向多为北东并大致呈弧形排列,可分内、外两圈。外圈有北高峰、美人峰、天竺山、万林背山、五云山等,天竺山最高标高为 412.50 m。内圈有飞来峰、天马山、南高峰、青龙山、玉皇山、将台山、凤凰山等,天马山最高标为 275.00 m。以上多为相对高差 200.00 m 以上的低山,少数为相对高差 200.00 m 以下的丘陵,最内圈西湖北岸的挂牌山、葛岭、宝石山、孤山标高均在百米左右,亦为丘陵。山丘地区地质作用以侵蚀为主,外圈各山由于原始构造隆起较高,地层为志留系粉、细砂岩及泥盆系西湖组石英砂岩,较难风化,因山丘相对较高,沿断裂带及次级背斜核部常发育沟谷,切割强烈;内圈山丘原始构造隆起较低;地层为晚古生代地层以石灰岩、砂页岩为主,较易风化侵蚀,故山丘相对较低。受构造控制向斜侵蚀速度慢,多发育成山岭;背斜侵蚀速度快,易发育成沟谷,而有些背斜核部为泥盆系西湖组石英砂岩出露时,其岩性坚硬而难于风化,故常常残留为山丘;向斜与背斜转折处常有断层沿断裂带发育,也常形成沟谷;葛岭一带丘陵处于复向斜核部的原始低洼处,标高最低,岩性为火山岩,较为均一,丘坡平缓,多呈馒头状。实习路线主要分布在内圈的低山丘陵地带。

受新生代地壳间歇抬升运动影响,发育标高大致为 60.00 m,100.00 m,150.00 m,220.00 m 的四级古夷平面。钱塘江河谷发育三级河谷阶地。一级为堆积阶地,其标高约 10.00 m;二级为基座阶地,保留不好;三级亦为基座阶地,标高约 40.00 m。石灰岩山丘岩溶地貌发育,地表有溶沟、石芽,吴山十二生肖石形态奇特;地下溶洞纵横,洞内有石笋、钟乳石;景色幽奇,并常有泉水出露,龙井即为名泉之一。溶洞约有五层,标高大致在 30.00~45.00 m(石屋洞、玉乳洞),60.00~70.00 m(蝙蝠洞),100.00~110.00 m(水乐洞),160.00 m(紫来洞、烟霞洞),210.00~230.00 m(千佛洞),与山地夷平面和基座阶地相对应。

山间冲沟多沿构造破碎带及岩性软弱部位发育,岩性与构造的差异又使之发育程度不一,长度、深度、形态各异。由于发育阶段不同,造成山体形态、山坡陡缓各不一样,这就构成了杭州地区的各种山川景观。

山前坡麓地带。坡积物沿坡麓呈条带状分布,形成坡积裙地貌,主要由粉质黏土、含砾粉质黏土组成。山前沟谷口则有洪积物堆积成洪积扇地貌,由砂砾石、含粉质黏土组成,二者相互连接,常互相叠置,组成山前坡洪积阶地,主要为之江组($Q_2z$)地层,在六和塔—梵村一带及老和山北麓均有分布。

在山间溪流、小河的沟谷及河床内,洪积、冲积物呈长条状沿沟谷堆积,构成山间狭长的河床沟谷平原,堆积物为砂砾层及含砾砂质粉土,属滨海组($Q_4b$)地层,在现代山间溪流、小河的沟谷,河床内均有分布。

## 二、平原区

地质教学实习区内东及南东侧钱塘江两岸,江水和潮汐海水所带来的泥砂共同堆积,历史上河谷又曾发生多次变迁,大幅度的摆动造成广阔的冲海积平原。标高 4.50~7.40 m,由粉质黏土、砂质粉土、粉细砂组成,属全新统($Q_4$)地层。钱塘江属河流近入海口的下游地段,河谷为宽浅的碟形谷、曲折蜿蜒,在杭州附近形如"之"字,西湖宛似"之"字上的一点,故称"之江"(图 2-2-3)。

钱塘江潮汐作用强烈,"八月十八潮,壮观天下无"。由于其河口入海处为一喇叭形海湾,称杭州湾(图 2-2-4),湾口宽达 100 km,而澉浦处江门仅宽 21 km。潮水涌来迅速汇聚升高。进入河口后,一方面,河面继续变窄收缩,向上至盐官仅宽 3 km,潮头越聚越高;另一方面,这一地段海水与河水两向相遇,动能消减,河水、海水所带的泥砂均发生沉积,形成河口沙坝,河床显著隆起,这样,不但使潮头迅速拔高,同时使潮水波浪发生变形;波峰前倾破碎,潮水迅猛前涌,形成了举世闻名、汹涌澎湃的钱江涌潮。

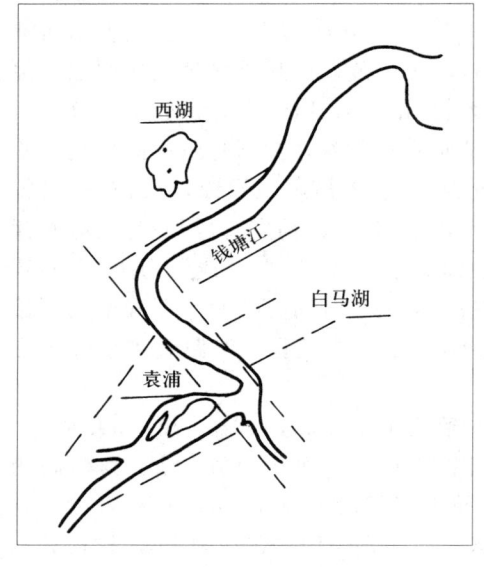
图 2-2-3 钱塘江基底构造略图

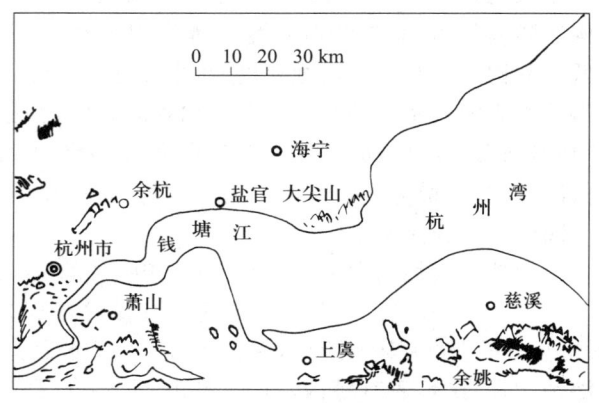
图 2-2-4 杭州湾喇叭口形势略图

西湖南北长约 3.3 km、东西宽约 2.8 km,面积约 6.39 km²,湖水平均深约 1.8 m,蓄水量约 1 400 万 m³。关于西湖成因,地质、地理学者曾有多种看法,主要有潟湖成因说、向斜构造盆地成因说、火山口湖成因说等。实际上,西湖在漫长的历史中屡经变迁,是多种综合因素,在内、外动力地质作用和人类活动的共同作用下形成的湖泊。三叠纪末印支运动,使晚二叠世以来已上升为陆的古生代地层发生强烈褶皱隆起,西湖复向斜形成,向斜南西端翘起形成环湖群山,西湖恰好位于向斜北东倾没端之核部,故原始地形便是一个倾没向斜盆地的低洼地区,加之核部地层为丁家山组($P_1^2d$)硅质页岩,性脆易碎,核部受挤压破碎之后易于风化剥蚀,在早、中侏罗世上升剥蚀时期,更变低洼,环湖群山沟谷水流向其汇聚,为西湖形成奠定了基础。晚侏罗世燕山运动早期以断裂及岩浆活动为特点,西湖即一古火山。浙江省区测调查大队在 1987 年的杭州城市地质报告中已查明其火山构造(图 2-2-5),首次发现火山通道相之熔结集块角砾岩,圈定了火山通道,通道的火山口中心位于西湖的断桥。火山喷发在火山口周围葛岭,宝石山及环湖一带堆积了火山碎屑岩系,而火山口内房空虚发生塌陷,西湖洼地仍保持低洼。早白垩世燕山运动中期以断陷活动为主,西南山区不断上升,西湖同北侧三墩坳陷及东部乔司坳陷一起相对断陷下降,晚白垩世燕山运动晚期使地区地壳整体

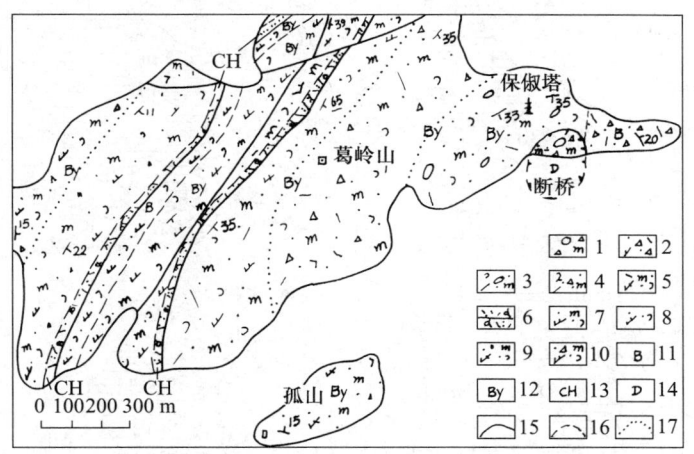

$j_3^{3-3}$:1.熔结集块角砾岩;2.流纹质凝灰角砾岩;3.流纹质含碧玉团块玻屑熔结灰岩;
4.流纹质含角砾玻屑熔结凝灰岩;5.流纹英安质玻屑熔结灰岩;6.沉凝灰岩;
$j_3r^{3-2}$:7.英安质玻屑熔结凝灰岩;8.英安质玻屑凝灰岩;$j_3^{3-1}$:9.英安质晶屑玻屑熔结凝灰岩;
10.英安质含角砾玻屑熔结凝灰岩;11.爆发相;12.爆溢相;13.喷发—沉积相;
14.通道相;15.地质界线;16.岩相界线;17.岩性界线

图 2-2-5 葛岭火山机体岩性岩相图

抬升,其后一直受风化剥蚀,西南山区山坡冲刷、沟谷发育;西湖及北、东坳陷内地面逐渐夷平为一片准平原,但西湖仍然相对低洼。更新世末进入了大理冰期,至全新世冰川消融,地壳相对下降,发生了本区最后一次海侵,全新世中期海水淹没了北、东部平原及西湖,海水直泊山麓,西湖洼地三面环山因而成一海湾,北面的宝石山,南面的吴山成为海湾口的两个岬角。全新世晚期距今约 7 000 年时,地壳开始回升,海水逐渐退去,平原区先后成陆。距今约 4 700 年时,老和山坡麓古荡一带始有居民,创造了"良渚文化"。距今约 2 500 年时,杭嘉湖平原已全部成陆,而西湖地形低洼仍为海湾,杭州市区亦处于水下。钱塘江带来的大量泥砂,在海水波浪、潮汐搬运下,于海湾口处逐渐堆积起水下沙坝,岸流挟带的泥砂则易于沉积在湾口岬角处形成沙嘴,沙嘴和沙坝不断淤高并连接起来,将海湾与外海隔绝封闭,在距今约 2 000 年时形成潟湖,即为最初之西湖,杭州市区也成为陆地(西湖演变见图 2-2-6)。

然而,西湖至今仍碧波荡漾,风姿绰约,这完全是人类活动的结果。历代劳动人民挖湖筑堤,疏浚排淤,其中主要有:唐朝李泌凿通湖道,白居易挖湖筑堤,扩大蓄水;宋朝苏东坡募民围湖堆泥成苏堤;明朝正德年间,又将葑田荷荡之西湖恢复旧观;清朝康熙、雍正、嘉庆年间,都曾疏浚西湖……劳动人民为此付出了巨大的劳力进行治理。中华人民共和国成立初期,西湖平均水深仅 0.55 m,政府和人民对西湖进行了大规模疏浚治理,排出的湖泥能再堆 30 多条苏堤,使平均水深增加到 1.80 m,至今每年都要疏浚湖泥。2000 年,杭州市政府又大规模疏浚西湖,并引钱塘江水入西湖,定期换水,以保持西湖水质。由于不断进行治理,西湖风景区才保持了山清水碧的秀美姿色。西湖虽是自然雕成,而其秀丽风光实是劳动人民辛勤劳动的结晶。

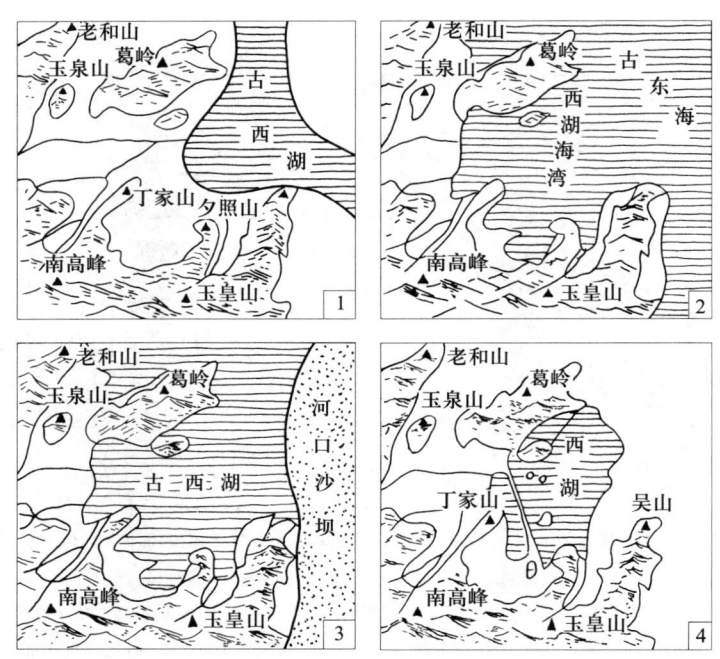

1. 全新世早期的古西湖；2. 全新世中期的西湖海湾；
3. 全新世晚期的古西湖；4. 现代的西湖

图 2-2-6　西湖演变示意图

## 第四节　地质教学实习区的地质简史

地质教学实习区地处华南，属于扬子古陆的南部边缘地带。寒武纪开始地壳不断下降为海，沉积了下寒武统海湾硅质页岩及上统浅海相灰岩、白云质灰岩地层。早奥陶世仍为浅海，地层以灰岩为主，其后地壳逐渐上升，形成中奥陶统浅海相泥质灰岩及泥岩，上奥陶统滨海相泥岩、泥质粉砂岩及粉细砂岩。本区未见早期地层出露，出露最早的地层为上奥陶统上段文昌组。

早志留世仍为滨海环境，沉积了一套砂泥岩地层，中、晚志留世，地壳进一步上升，转为三角洲环境并过渡成河流冲积平原，沉积了巨厚的长石及岩屑含量较高的粉砂岩及细、中砂岩。志留纪末，受加里东运动影响，本区整体抬升为陆，遭受风化剥蚀，缺失了下、中泥盆统地层，造成沉积间断。

晚泥盆世，地壳重新开始下降，早期为河口三角洲，沉积了西湖组石英砂砾岩，晚期下降为不稳定的时海时陆的海陆交替环境，沉积了珠藏坞组紫红色砂泥岩建造。泥盆纪末，本区地壳又抬升成陆，出现剥蚀，沉积作用间断，缺失了下石炭统地层。

中石炭世开始，本区地壳重新下沉，发生海侵，所沉积的中、上石炭统岩石均为浅海相石灰岩、生物碎屑灰岩沉积。

二叠纪时，地壳又开始抬升，海盆逐渐封闭为滞流海，沉积了栖霞组沥青质、硅质灰岩，并进一步封闭为滞流海湾沉积了丁家山组硅质页岩。晚二叠世，本区地壳整体抬升为陆，长期处于风化剥蚀，沉积发生间断，缺失了上二叠统及三叠系地层。

三叠纪末，发生了强烈的印支运动，使本区古生代地层整体挤压褶皱成西湖复向斜，并伴有走向断裂及大致与之直交的北西向横向断裂。褶皱、断裂组成了华夏系构造，奠定了本区的基本构造格局。褶皱隆起、沉积作用间断使本区缺失下、中侏罗统地层。

晚侏罗世，进入燕山运动构造阶段，地壳活动以岩浆和断裂活动为特征。晚侏罗世后期，西湖古火山喷发，葛岭一带及火山口周围堆积了巨厚的火山碎屑岩系，并伴有岩浆侵入活动；同时产生北北东向压扭性及其伴生的北西向、北东东向扭性新华夏系断裂和叠加，改造了原有的华夏系构造，使本区构造进一步复杂化。早白垩世新华夏北北东向断裂转为拉张运动，产生北部三墩坳陷及南东侧钱塘江断陷盆地；其时，气候炎热，盆地内沉积了河湖相红色砂、砾岩，并伴有中基性岩浆喷发及沿断裂带脉状侵入。晚白垩世燕山运动又使本区强烈上升剥蚀，沉积间断缺失了上白垩统（$K_2$）、古近系（E）和新近系（N）及下更新统地层。

中更新世开始，本区地壳又开始下降接受沉积，但振荡频繁，反复升降。低山丘陵区的山丘地带形成多级夷平面，地下发育多层溶洞；钱塘江河谷发育有三级河谷阶地。而在山麓沟谷地带，中更新世沉积坡、洪积相之砂砾层及红色网纹黏土，组成山前坡—洪积阶地；上更新统为冲洪积、坡洪积相的砂砾层夹粉质黏土，含砂、砾粉质黏土，形成大沟谷口的山前倾斜平原；全新统为洪、冲积相的砂砾层及砂质粉土，分布于溪流、小河的河床沟谷平原内。平原区中，更新世仅于局部凹槽内沉积了河流相含黏土砾石层；晚更新世进一步发展形成冲积相砂砾层及河湖相、湖沼相之黏土层，晚期，地壳进一步下降发生第四纪第一次海侵，沉积了滨海相粉质黏土层。其后，地壳上升，海水退去，气候转冷，进入大理冰期，沉积了河湖相之黏土、粉细砂层。全新世，气候转暖，冰后期海面不断上升，发生第四纪第二次海侵，全新统下部沉积了浅海相的砂质粉土夹细砂层，距今约 7 000 年以前，地壳才逐渐抬升，平原区先后露出水面成陆，距今约 2 000 年时，西湖海湾与外海隔开封闭为潟湖，本区全部成为陆地。北部苕溪一带及西湖周围溪流如网、湖沼密布，成为湖沼冲积平原，全新统中、上部由冲湖相黏土、粉质黏土及湖沼相淤泥及泥炭组成。而钱塘江两岸及东部地区为江水和海水共同沉积而成的冲海积平原，全新统中、上部由冲积相及冲海积相粉质黏土、砂质粉土及粉细砂组成。

现今，地表山丘仍受风化剥蚀，山麓沟谷及平原区不断接受各种类型之沉积。

## 第五节 地质教学实习区的工程地质条件

杭州地区工程地质分区，首先按地貌单元可划分为低山丘陵区、山前沟谷区和平原区三个分区，进一步按地貌成因类型及形态特征，结合地层岩性、时代、物理力学性质，又可划分为若干亚区，兹将各分区工程地质条件评价如下。

### 一、低山丘陵基岩分布亚区（Ⅰ）

海拔高程一般为 200.00～400.00 m，多为圆缓低山丘地貌形态，以构造剥蚀作用为主，按岩性、结构及物理力学性质可划分为四个小区。

## （一）石英砂岩、岩屑砂岩分布小区（$I_{1-1}$）

大面积分布在老和山、北高峰、九溪、六和塔、凤凰山等地。岩性较坚硬，完整性好，抗风化性强，力学强度高，新鲜岩块极限抗压强度 $R$ 大于 100 MPa，软化系数为 0.90～0.92，各向异性不显著，可作各项工程建筑的天然地基，也是洞室工程的良好围岩。

但由于遭受过多期的构造作用，在一些断裂带附近的岩石强度降低、稳定性较差，对工程建筑将有一定的危害性。

## （二）碳酸盐岩分布小区（$I_{1-2}$）

分布在龙井、南高峰、九曜山、玉皇山、将台山、玉泉及灵隐飞来峰等处。主要由石炭系、二叠系灰组成。呈中厚层块状，岩性较坚硬，力学强度高，新鲜岩块极限抗压强度 $R$ 大于 80 MPa，石炭系灰岩较纯，溶蚀现象显著，岩溶较发育，常形成规模较大的水平洞穴，如水乐洞、石屋洞、紫来洞、烟霞洞等。而二叠系灰岩由于含燧石且具硅质、泥质、炭质岩，因此，岩溶发育较微弱，多生成小型溶洞、溶沟和石芽等，由于岩溶的发育和岩溶水的开采，常导致地面塌陷而引起建筑物破坏。因此，在该类地基修建工程建筑物时，应对拟建场地内的岩溶发育情况特别是隐伏岩溶的发育情况作相应了解，以避免其危害性，尤其是在断裂破碎带附近埋藏的溶洞或落水洞地段不宜修建工程建筑物。

## （三）砂岩、泥质岩分布小区（$I_{1-3}$）

地貌上多形成低丘或残丘，其岩性主要由志留系的岩屑砂岩、粉砂岩、泥岩、泥盆系的含砾石英砂岩、泥质岩和二叠系的炭质页岩、泥岩、粉砂岩、泥灰岩所组成。

此小区岩性呈中薄层状，坚硬至半坚硬，岩层软硬相间，强度相差大，各向异性显著，稳定性较差，岩层软硬差别较大，新鲜岩块极限抗压强度 $R$ 为 40～100 MPa，软化系数为 0.45～0.75，在外动力作用下，易引起层间滑动及地基的不均匀沉降，因此，在工程建筑时，应予以重视。

## （四）火山岩分布小区（$I_{1-4}$）

出露均在海拔 120.00 m 标高以下，多为残丘，地表分布范围较小，主要分布在葛岭、宝石山、孤山一带。岩石种类繁多，岩性变化较大，以熔结凝灰岩和凝灰岩为主，呈块状或似层状结构，坚硬至半坚硬，新鲜岩块极限抗压强度 $R=60～100$ MPa，风化岩块极限抗压强度 $R=40～50$ MPa，软化系数分别为 0.80 和 0.46～0.68。其力学强度较高，整体性好，可作各项工程建筑的天然地基。但在断裂带附近，裂隙发育，岩石破碎，强度较低。

## 二、沟谷松散堆积分布亚区（$II$）

此小区分布在山前的沟谷地带，主要为第四系的陆相松散堆积，按其成因、时代划分为三个小区。

## （一）中更新世坡洪积层分布小区（$II_{2-1}$）

此小区分布在六和塔、九溪、浙江大学、新凉亭等地的山前沟谷地带。多组成洪积扇、阶地等地貌形态；岩性上细下粗，上部为棕红色的网纹状黏土夹砾石，下部为碎砾石层夹黏性土。具二元结构特征，胶结紧密，地基强度较高。

$q_c=2.0～3.5$ MPa， $f_s=30～90$ kPa， $N_{63.5}=12～22$ 击/30 cm，
$[R]=200～350$ kPa

该区适宜作高层民用建筑天然地基，但厚度变化大，其厚度为 4.0～20.0 m。

在此类地基上修建工程时,主要的工程地质问题是要注意土层的不均匀性、边坡的稳定性。局部地区底部饱水,流塑,强度低。

（二）上更新世洪积、坡洪积层分布小区（$II_{2-2}$）

此小区分布在凤凰山、紫阳山以东,玉皇山以南及灵隐和梅家坞等处的山麓边缘地带。其岩性上部为黏性土含砾石,呈可塑—硬塑状态,中密,含砾约20.0%～60.0%;下部为碎石、砾石含黏性土,可塑、密实,含砾达50.0%以上,全层为棕黄色,厚度变化较大,为3.0～30.0 m 不等,地基强度较高。

$N_{63.5}=20\sim30$ 击/30 cm，$[R]=250\sim300$ kPa

该区可作为高层民用建筑天然地基。

对此类地基,应注意的工程地质问题是：除应注意边坡的稳定性及地基土层的均匀性外,还应注意软弱土层的存在,尤其是基岩起伏面上的局部软土层对建筑物的危害性较大。

（三）全新世冲洪积、冲积层分布小区（$II_{2-3}$）

此小区呈零星状分布于九溪、梵村、灵隐等地的沟谷地区,岩性较单一,主要是砂砾石成分,厚度为3.0～6.0 m,常组成河漫滩、冲积扇地貌形态,结构一般较松散,透水性好,是地下水汇集的场所,但分布零星,范围较小,其水量有限。该层虽可作为天然地基,而实用意义不大,但砂砾石可作为建筑材料之用。

### 三、平原松散堆积区（Ⅲ）

平原松散堆积区其沉积物全部是晚更新世以来所沉积的松散堆积层,根据成因、岩性划分为两个亚区。每个亚区再根据地层组合（或称结构）和持力层埋深并以桩的长短适宜性划分为五个小区。

（一）冲海相砂性土分布亚区（$III_1$）

本亚区划分为两个小区,其特征如下。

1. 持力层浅埋、中等埋深小区（$III_{1-1}$）

此小区分布在笕桥、杭州农药厂、艮山门、城站、望江门至南星桥钱塘江边。该小区在深度30.0 m以内有两个桩基持力层,根据持力层特征,有粉砂层和第二硬土层。其特征分述如下：

粉砂层：顶板埋深2.0～5.0 m,厚度为10.0～16.0 m,稍密—中密,天然状态下强度较高,尤其中部粉砂性能好。

$q_c=2.0\sim10.0$ MPa，$f_s=30\sim140$ kPa，$N_{63.5}=6\sim22$ 击/30 cm，

$[R]=90\sim260$ kPa

该区分布较稳定,适宜短桩基础。但粉砂层经动力作用可能产生液化、管涌等不良工程地质现象,会导致基础失稳、倾斜,应予以重视。

此外,在粉砂层之下,一般为淤泥质软土,厚度不等,物理力学性能较差,也应对淤泥质软土层的变形问题引起重视。

第二硬土层：顶板埋深17.0～20.0 m,厚度为4.0～16.0 m,含大量铁锰质结核,硬塑—坚硬,中偏低压缩性,分布较稳定,厚度大,强度高,是中长桩基础的理想持力层。

2. 持力层浅埋、深埋小区（$III_{1-2}$）

此小区分别分布在钱塘江南北两岸,北岸自彭埠以南经新塘镇、杭州茶厂至乌龙庙等地

南岸的全部地区。

该小区的主要特征是：浅部持力层为粉砂层，顶板埋深 0.0～3.0 m，厚度 10.0～15.0 m，分布稳定，粉砂层之下为厚度大、强度低的淤泥质软土层，其厚度为 17.0～27.0 m。在深度 30.0 m 以内，只有浅部的粉砂层可作为短桩基础持力层。而深埋持力层为砂砾石层，顶板埋深一般为 37.0～44.0 m，厚度为 6.0～18.0 m，分布稳定，强度较高，可作为长桩基础持力层。

（二）湖沼相黏性土分布亚区（$Ⅲ_2$）

本亚区共分为三个小区，各小区特征分述如下。

1. 持力层浅埋小区（$Ⅲ_{2-1}$）

此小区主要分布在西湖周围及黄龙洞的山前边缘地带，在地形位置上处于山地和平原的交接地带。土体结构类型为两层的结构地基，其岩性组合由第一淤泥质软土层和含砾石黏性土层所组成。

该小区的主要特征是：在 10.0 m 左右深度内，只有含砾石黏性土的持力层分布，埋藏于第一淤泥质软土层之下，顶板深为 7.0～11.0 m，厚度均在 5.0 m 以上，力学强度较高。

$q_c = 2.0～3.5$ MPa， $f_s = 30～90$ kPa， $N_{63.5} = 13～22$ 击/30 cm，
$[R] = 200～350$ kPa

该区可作为短桩基础的持力层。在该持力层之上为第一淤泥质软土层，该层的顶部常有泥炭或淤泥夹层存在，富含大量有机质，呈软塑—流动状态，具高压缩性，强度较低，一般情况下，应予以清除为宜。

2. 持力层浅埋、中等埋深小区（$Ⅲ_{2-2}$）

呈小面积分布在三墩、祥符桥、杭州化纤厂、灯泡厂、华丰造纸厂、半山重型机械厂及西湖周围、黄龙洞、古荡桥以西地段。

该小区在深度 30.0 m 以内，有两个硬土层和含砾黏土层的持力层，按其埋深及物理力学性质分述如下：

第一硬土层：埋藏于第一软土层之下，顶板埋深 5.0～9.0 m，厚度为 4.0～15.0 m，呈透镜体或夹层状，分布不稳定，但物理力学性能尚好。

$q_c = 1.3～2.0$ MPa， $f_s = 20～60$ kPa， $N_{63.5} = 6～9$ 击/30 cm，
$[R] = 130～200$ kPa

该区呈可塑—硬塑状态，中等压缩性，含铁锰质结核或锈斑，埋深浅，可作为短桩基础的持力层。

第二硬土层：埋藏于第二软土层之下，顶板埋深为 13.0～26.0 m，厚度为 13.0～17.0 m，分布稳定，厚度大，强度高。

$q_c = 1.8～3.5$ MPa， $f_s = 20～120$ kPa， $N_{63.5} = 6～16$ 击/30 cm，
$[R] = 180～340$ kPa

该区可作为中长桩基础的持力层。

含砾黏土层：主要分布在西湖周围的山前地带，顶板埋深 7.0～12.0 m，厚度一般大于 5.0 m，较密实，强度高，可作为短桩基础的持力层。

在半山重型机械厂地段，在第一软土层之下，为两个硬土层直接接触，则地基条件更为优越。

3. 持力层中等埋深小区（Ⅲ$_{2-3}$）

此小区分布在浙江麻纺厂以南、杭氧以北、笕桥以西及于家墟以西和武林门广场等地区。其特征是该小区只有第二硬土层分布，且该硬土层之上有两个厚度较大的淤泥质软土层，两个软土层连续沉积直接接触，其厚度达 14.0～23.0 m，强度较低。

第一软土层：

$q_c$=0.3～1.7 MPa，　$f_s$=4～30 kPa，　$N_{63.5}$=1～4 击/30 cm，
[$R$]=60～120 kPa

第二软土层：

$q_c$=1.0 MPa，　$f_s$=9～10 kPa，　$N_{63.5}$=2 击/30 cm，　[$R$]=90～120 kPa

该小区第二硬土层顶板埋深为 15.0～25.0 m，厚度为 14.0～16.0 m，强度高，分布稳定，厚度大，适宜作中长桩基础的持力层。

4. 持力层深埋小区（Ⅲ$_{2-4}$）

此小区呈东西向窄条带状分布，出露范围较小，主要分布在于家墟以东的丝绸工学院、电子工业学院、米市巷和玉功桥地段。

该小区的特征是：缺失硬土层的持力层，而深部的持力层主要是砂砾石层，该持力层之上为两个连续沉积的软土层，厚度大，强度低，软土层厚度可达 30.0 m 以上。

砂砾石层顶板埋深为 35.0～40.0 m，厚度为 1.5～5.0 m，强度较高。

$q_c$=6.0～12.0 MPa，　$f_s$=50～150 kPa，　[$R$]=250～500 kPa

该区分布基本上稳定，可作为长桩基础的持力层。

上述各小区，有关桩的长短适宜性问题，并非一成不变，由于地基的适宜性与建筑物的要求关系较密切，因此，不能脱离具体的建筑要求。如当建筑物层次高、重量大、敏感性强而浅埋持力层不能满足要求时，也可向下寻找中埋或深埋持力层。所以，设计部门应遵循先浅后深、先考虑短桩再考虑中长桩或长桩的原则。

总之，本区平原区除湖沼地带外的广大地区表层土均可作为一般建筑的天然地基；湖沼区及高层建筑须使用桩基；山前沟谷区（除沟谷平原外）及低山丘陵区均可作为各种类型建筑的天然地基。但砂土液化、软弱土层不均匀沉降、岩土体的不均匀性、边坡塌滑、构造破碎、岩溶破坏等不良工程地质现象，须认真研究，采取适宜的防治措施，并作为工程地质的主要研究课题。

# 第六节　地质教学实习区的水文地质条件

杭州地区地下水按含水层的岩石性质可分为基岩裂隙水、碳酸盐岩岩溶水和松散土层孔隙水三种类型。

## 一、基岩裂隙水

地质教学实习区内基岩裂隙水又可细分为层状岩类裂隙水和块状岩类裂隙水两种类型。

（一）层状岩类裂隙水

此类裂隙水的含水岩组主要特征如下。

（1）西湖组石英砂砾岩含水岩组：分布于丘陵山区。该含水岩组地层构造裂隙及层面裂隙发育，裂隙充填物少，特别是构造破碎带及断层带裂隙密集，含水性较好，水量中等。

（2）大白地组、康山组、唐家坞组及珠藏坞组粉、细砂岩含水岩组：分布于丘陵山区。由于岩层的岩性差异，裂隙发育程度各不相同，以珠藏坞组上段石英砂岩及唐家坞组岩屑石英细砂岩裂隙发育较好；而泥质粉砂岩及粉砂质泥岩夹层内裂隙则发育较差，含水性较差，水量贫乏。

（3）文昌组、安吉组薄层粉砂岩、泥岩含水岩组：分布于丘陵山区。裂隙发育差，含水性极差，水量极贫乏。

层状岩类裂隙水均由大气降水直接补给，沿裂隙径流，地下水运动受地质构造及地形控制，由于裂隙发育的不均匀性，流动常沿着断裂带方向。地下水常具承压性，在沟谷处常以泉水出露或向山前第四系含水层中排泄。水质以弱酸性、低矿化、极软水为特征，多为 $HCO_3$—Ca·Na(Mg) 型水，符合饮用水标准，是良好的生活用水。杭州啤酒厂即以此为水源。

## （二）块状岩类裂隙水

地质教学实习区内块状岩类裂隙水包括黄尖组火山岩及侵入岩含水岩组。其地表露头裂隙较发育，但裂隙发育深度较浅，而地形多为孤立之丘陵，汇水面积小，丘坡圆滑，地表水排泄通畅，故含水性极差，水量极贫乏，旱季多枯干。地下水直接受降水补给，沿裂隙及断层带径流，以泉水出露或向山前第四系含水层中排泄。区内葛岭山北西坡沿栖霞岭断层带沟谷内，出露有泉水，据水质分析属弱酸性、低矿化、极软水，为 $SO_4$—Ca·Na 型水，不仅符合生活饮用水标准，而且水中可溶性 $SiO_2$ 含量较高，偏硅酸含量为 52.7 mg/L，超过国家饮用矿泉水标准，可作为硅酸矿泉水，有待开发。

## 二、碳酸盐岩岩溶水

地质教学实习区内碳酸盐岩岩溶水又可细分为裸露型岩溶水和覆盖型岩溶水两种类型。

### （一）裸露型岩溶水

实习区内裸露型岩溶水包括黄龙组、船山组、栖霞组石灰岩含水岩组。分布于丘陵山区。岩性为中厚层灰岩，含燧石团块灰岩，岩溶发育，除地表有不同程度的溶沟、溶槽、石芽外，地下则发育有溶斗、溶洞、落水洞、地下暗河等，形态多样，发育程度差异较大，受地质构造、岩性、水的性质及活动性的共同控制。一般含水性较好，水量中等，局部水量较大。受大气降水直接补给，补给水垂直下渗后，潜水面以下沿溶隙、洞穴，顺深部岩溶不发育带隔水界面作侧向径流，向覆盖区岩溶带汇流或以泉水出露排泄，一般径流、排泄通畅，局部可具承压性。水质为单一的 $HCO_3$—Ca 型水，水质良好，多为弱碱性，是良好的生活饮用水。

### （二）覆盖型岩溶水

实习区内覆盖型岩溶水为石炭系、二叠系灰岩含水岩组。分布于复向斜核部西湖环湖沟谷口山前冲洪积倾斜平原第四系之下。以复向斜的次级向斜轴部及断裂带岩溶发育较强，构成岩溶发育富水带。区内主要有灵隐—浙江大学、龙井—流金桥、满觉陇—夕照山、玉皇前山及南星桥五条岩溶富水带。其岩溶发育下限深为 130.0～150.0 m，洞穴带下限深为 80.0～100.0 m，地下埋深为 40.0～80.0 m 为富水带，天然水位埋深为 0.5～10.0 m，岩溶发育带内富水性好，水量丰富。由上覆有第四系黏土层作隔水顶板，多为承压水。主要由裸露区岩溶带水侧向径流补给，沿水平方向径流，向西湖方向汇流，除呈泉水出露外，主要向地下深部排泄,故径流滞缓,排泄不畅。水质为 $HCO_3$—$Ca$ 型水,弱碱性,微硬水,符合饮用水标准,为良好的生活用水。

### 三、松散岩层孔隙水

地质教学实习区内松散岩层孔隙水又可细分为孔隙潜水和孔隙承压水两种类型。

（一）孔隙潜水

实习区内孔隙潜水包括以下含水岩层。

（1）山前坡洪积阶地 $Q_2$ 砂砾层含水组：主要分布于钱塘江北岸六和塔以上及老和山北麓山前地带,水位埋深 1.1～1.2 m,因岩性密实,水量极贫乏。

（2）山前倾斜平原 $Q_3$ 砂砾层及夹碎石粉质黏土层含水层：分布于西湖西、南侧及古荡至留下一带山前沟口及坡麓地带。由沟谷口冲洪积扇之砂砾层及坡麓的坡洪积裙之夹碎石粉质黏土层组成,岩性差异大,含水性不同,前者砂砾层水位埋深 1.8～3.65 m,水量贫乏,后者粉质黏土层水位埋深 0.65～2.4 m,水量极贫乏。

（3）河床沟谷洪冲积平原 $Q_4$ 砂砾层含水层：分布于河溪的沟谷河床内。水位埋深 0.5～3.4 m,水量中等。

以上山前沟谷区含水岩组均由大气降水直接渗透补给及山坡基岩水侧向补给,水量充沛,但沿基岩面径流途径短,很快从沟谷排出,水循环交替强烈,受气候等影响显著,动态变化大。水质均为淡水,软—微硬水,pH 值为 5.8～7.2,弱酸至弱碱性,为 $HCO_3$—$Ca·Mg$ 型水,水质良好。

（4）冲湖积平原表层 $Q_4^2$ 粉质黏土层含水层：分布于西湖及北部苕溪一带平原区表层。含水层厚约 0.5～6.2 m,水位埋深 0.7～3.0 m,水量极贫乏。

（5）冲海积平原表层 $Q_4^{2+3}$ 砂质粉土及粉、细砂层含水层：分布于区内东、南东部钱塘江沿岸平原区表部,厚约 4.5～21.0 m,水位埋深 0.45～2.6 m,水量贫乏至中等。

上述平原区表层孔隙潜水含水岩组,由大气降水及山前沟谷区孔隙潜水层共同补给,靠蒸发排泄;动态变化大,易污染,水质多为微硬至极硬水,个别地段为微咸水,为 $HCO_3·Cl$—$Ca·Na(Mg)$ 及 $HCO_3·SO_4$—$Ca·Mg(Na)$ 型水,pH 值为 6.0～8.0,水质较差。

（二）孔隙承压水

地质教学实习区内平原区深部第四系地层中普遍有三层孔隙承压含水层,分布广泛,自上而下为：

（1）$Q_4^1$ 冲海积砂质粉土、粉细砂层含水层：顶板埋深 5.0～18.0 m,厚度为 1.8～8.8 m。水量贫乏。

（2）$Q_3^2$ 冲积砂砾层及粉细砂层含水层：顶板埋深 20.3～38.0 m,厚度为 2.7～10.7 m,水位埋深 0.8～12.03 m。水量贫乏至中等。

（3）$Q_3^1$ 冲积砂砾层含水层：苕溪一带顶板埋深 28.27～48.0 m,厚度为 0.4～16.5 m,水位埋深 5.42～21.79 m；钱塘江沿岸顶板埋深 23.4～45.7 m,厚度为 1.4～24.5 m,水位埋深 0.82～10.63 m。水量极丰富—丰富—中等。

以上平原区深部孔隙承压含水岩组主要由上游补给区的侧向径流补给,水力坡度极平缓,径流缓慢,缓慢向下游深部排泄,若遇开采,则成为其主要排泄方式。其水质 $Q_4^1$ 多为淡水,为 $HCO_3$—$Ca·Mg$ 型水；$Q_3^2$ 多为微咸水,以 $Cl·HCO_3$—$Ca·Mg$ 型水为主,弱碱性,硬至极硬水；$Q_3^1$多为微咸至咸水，主要为Cl—Ca·Mg型水，多为极硬水，但本层有局部淡水体存在。承压含水层中淡水多符合饮水标准，唯铁、锰离子含量大大超限，须经处理；承压微咸—咸水均不能作为生活饮用水，微咸水尚可作锅炉用水，而咸水仅能用作冷却用水，且尚有腐蚀性。

杭州市供水水源以地表水为主要水源，地下水作为辅助水源。从上述分析可以看出，可作为地下水供水水源的含水层主要为泥盆系西湖组基岩裂隙水、覆盖型岩溶水及平原区地下分布广泛水量稳定丰富的$Q_3^1$孔隙承压水。杭州市有水源地九处，开采井88口（岩溶水23口、裂隙水5口、孔隙承压水60口）。对地下水进行开采，从开采情况及地下水贮存量资料看，尚有一定的开采潜力。由于地表水污染日趋严重，城市用水量迅速增长，地下水开采大有扩大的趋势，必须合理利用地下水资源，制定适宜的开采量计划。岩溶水及基岩裂隙水是良好的饮用水源，不宜作为一般工农业用水，孔隙承压水则应尽量用作工业冷却用水。还应注意和防止地下水开采引起的地面塌陷等不良工程地质现象的发生。

## 第七节　地质教学实习区的环境地质问题

杭州地区环境地质方面，存在以下主要问题。

### 一、水质污染

水质评价选用全Fe，$NH_4^+$，$NO_2^-$，耗氧量作为主要指标，并结合酚，氰，$Mn^{2+}$，$Zn^{2+}$，$PO_4^{3-}$等作为辅助指标，依照生活饮用水水质标准进行评价，计算综合污染指数$p=\sum I_i/n$（$I_i$为各项分指数，$I_i=C_i/S_i$，$C_i$为某项指标实测值、$S_i$为水质标准值，$n$为选用评价项数），划分为未污染（$p<1$）、轻污染（$1<p<2$）、重污染（$2<p<4$）和严重污染（$p>4$）四级。

钱塘江水在实习区段内为轻污染，$p$指数为$1.40\sim1.67$，实习区以下近入海口段为重污染（$p>2$），以有机污染为主并有微量金属污染。京杭大运河水为严重污染，$p$指数达$16.00\sim31.67$，为金属污染与有机污染共同污染。西湖水属轻污染（$p=1.00\sim1.70$），系藻类繁殖腐烂耗氧及工业、生活排废所致，水为碱性还原环境。

地下水污染对象是地面以下第一个含水层——潜水含水层，地下深处承压含水层除补给区外一般不易污染。山区潜水各项指标均未超标，为未污染的好水，山前沟谷区潜水一般亦为未污染的水，仅局部地段为轻污染。而北、东部广大平原区潜水，则全部为严重污染。

造成水质污染的原因，除西湖水因受沼泽化作用影响，水藻大量生长、腐烂耗氧并产生有机物质，以及广大平原区潜水因其水面坡度极平缓，径流、排泄不畅，地球化学环境有利于铁锰等离子富集，受第一环境因素影响外，其主要原因是人类活动造成的第二环境因素，生活及工业废水、废渣（垃圾）、废气就地排放，成为最主要的污染源，越靠近污染源，水质污染越严重。杭州市目前每年工业废水排放量约2亿$m^3$，生活污水约6 000万$m^3$，废渣年排放量200万吨以上，废气年排放总量400亿$m^3$以上，降雨的平均pH值为5.17，酸雨（pH值<5.6）率达72.7%，"三废"处理已成为环境保护最迫切的任务。

### 二、土壤污染

人体生命的基本元素有C，H，O，N，P，S；人体结构元素有Ca，Na，K，Cl；人体所必需的微量元素主要有 Mn,Fe,I,F,Zn,Cu,Cr,Mo,Co,As,V 等;主要有害元素有 Hg,Sb,Pb,Bi,W,U 等。除作为有机物主要组成的 C,H,O,N 及作为地壳主要组成的 Si 外,人体元素分布与地壳元素分布的丰度是基本吻合的。人体基本元素和结构元素在自然界中是常量元素,对人体健康影响不大,而人体健康所必需的微量元素及有害元素则对人体健康影响极大。土壤是人体元素的主要摄取源地,分布元素的过量和不足,直接或间接地对人体产生影响。"三废"对土壤的污染,在杭州地区表现也很明显,不论是平原区还是丘陵山区,土壤均有不同程度污染,而尤以市区平原及西湖区最为严重。根据最近对全区土壤中 27 种元素的原样测定,按国内外卫生监测对土壤元素的容许浓度标准进行评价,发现主要问题有:微量元素过量,其中,Zn 最高含量为 3 190($\times 10^{-6}$ mol/L,以下同),超过允许浓度标准 10 倍;Cu 为 350,超标 2～3 倍;F 为 697,超标 3 倍;Cr 为 300,Mo 为 24,超标 3 倍;As 为 28,超标 1～2 倍;Co 为 21。有害元素含量也大大超过允许浓度标准值,Hg 最高含量达 40,超标 20 倍;Sb 达 18,Cd 达 6.5,超标 3～4 倍;Pb 达 1 200,超标 12 倍,成为土壤环境质量不利区。

### 三、地质灾害

(一)岩溶塌陷

主要发生在西湖环湖山麓区,在浙江大学、浙江宾馆、玉皇山前山一带,造成建筑物下沉或开裂,主要由于过量开采地下水引起岩溶塌陷,而又多发生在浅部岩溶发育地区、构造软弱及破裂部位。

(二)滑坡及崩塌

主要发生在九溪至钱塘江果园沿江一带之江组地层中,降水及生活用水渗入土层,基岩面相对隔水,又倾向钱塘江,水沿基岩面长期流动,使黏土层软化并起润滑作用。钱塘江江水掏蚀坡脚或公路路堑开挖使坡脚失稳,又处在钱塘江沿江北东向断裂及裂隙带上,是引起塌、滑的主要原因。

此外,宝石山区紫云洞、玉皇山紫来洞洞口近年有洞穴崩落现象发生。

(三)地基不均匀沉降

主要发生在市区平原地带,武林门轮船码头候船室,浙江展览馆主楼及东、西楼,断桥小学新楼等均因地基不均匀沉降而发生墙壁开裂,主要是由于地基土厚度不等、土层性质不均匀而上部建筑基础荷载分布不均或相邻基础埋深相差较大而使土层发生不等量压缩或侧向挤出而发生的,在进行工程地质勘察和地基设计时,应引起注意。

### 四、地震

杭州地区属弱震少震地区,最大震级 4.5 级,震中最大烈度 5 度,据中国地震局南京地震大队预测,近百年内,此区地震最大震级为 4.75～5.25 级。但杭州地区内东南侧萧山—球川断裂带第四纪以来有活动,北西向的孝丰—三门湾断裂及丘陵山区与平原区分界处的祥符桥—南星桥隐伏断裂亦有活动迹象。特别是断裂交汇处,为未来可能的发震部位,同时远场地震对杭州地区的影响等,也均不可忽视。

# 第三章　地质教学实习内容及观测路线

地质教学实习内容及实习观测路线围绕世界自然遗产的杭州西湖周边地区展开。杭州西湖周边地区青山绿水、景色秀丽,是诠释"绿水青山就是金山银山"这一绿色可持续发展理念的好地方;这里的教学实习内容和观测路线中既包含了野外典型的地层、地质构造、地下地表水文、地貌形态与交通道路选址、建(构)筑物选址、地下空间开发和江塘堤坝设计等工程基础相互作用的影响以及工程地质灾害防治措施的专业教学内容,又富有深厚的人文底蕴遗迹和历史、文化典故,还有大量的近现代中国革命的教育示范基地,这些教学实习内容可以激发大学生学习科学知识的积极性,同时让大学生接受爱国情怀、社会责任、文化自信和人文精神的熏陶,为使每一位学生成为德智体美劳全面发展的社会主义建设者和接班人添砖加瓦。

## 第一节　老和山基本功训练路线

### 一、教学实习观测路线

由浙江大学西侧上老和山,为本次教学实习观测路线的始端。

### 二、教学实习内容与要求

(1) 本次路线为地质教学实习开始的第一条路线,要求学会进行地质工作的一些基本工作方法。

(2) 学会使用地质罗盘:量岩层产状、定方位和测坡角。

(3) 练习野外描述岩性。

(4) 认识层理、节理(裂隙)、不整合。

(5) 了解有关峒室稳定性的影响因素。

进入浙江大学校园,可见到浙江大学图书馆前矗立着著名科学家竺可桢的塑像。在担任浙江大学校长期间,竺可桢曾在浙江大学开学典礼上说:"诸位在校,有两个问题应该自己问问,第一,到浙大来做什么？第二,将来毕业后做什么样的人？"从竺可桢校长之问引申至"培养什么人、怎样培养人、为谁培养人"这一教育的根本问题,以及学生毕业以后的社会责任问题,是每一位教师与每一位学生必须思考的。

### 三、时间

本次教学实习时间为半天。

### 四、讲解提纲(由浙江大学西侧上老和山,先到达采石场)

(一)练习使用罗盘仪

罗盘仪是野外地质工作的一个主要工具,学生对它的结构、用途应有所了解,然后通过实际操作,逐步达到熟练使用的要求。

1. 结构

罗盘仪最主要的指针及度盘,度盘上有方位角、象限角,在度盘上刻有角度数及方向[E(东)、S(南)、W(西)、N(北)],均有制动螺丝。一般蓝色针(或缠铜丝)是指南针,白色针是指北针,度盘下方有水准泡,度盘背面有倾斜仪。

2. 用罗盘仪定向

如要确定前进方向则将罗盘仪的 N 端指向前进方向,读指北针所指的度数(一般用方位角)。如要确定自己所在点的位置,则用 N 端指向自己,用 S 端对准已知目标,仍然读指北针所指的方位角。

3. 量岩层产状

(1) 走向:水平面和岩层层面交线的方向。用罗盘仪长边紧靠岩层层面,并使罗盘水平(即水准泡居中),此时罗盘上的 N—S 线和走向线平行,读指北针所指度数。

(2) 倾向:沿岩层层面所作的走向线的垂线在水平方向上投影所指的方向。测量倾向时,要用罗盘仪的短边紧靠岩层层面且与走向线平行或重合,并使罗盘仪水平,此时罗盘上的 N—S 线垂直走向线,读指北针所指的度数。注意 N 端必须指向岩层层面倾斜方向。

(3) 倾角:是岩层层面与水平面的夹角。利用测角度盘来测量,读针尖所指度数。

4. 测坡角

用观察镜中十字丝中点或罗盘仪之短边瞄准山顶(或坡脚)的一点,该点与自己视线同高,读测斜仪针尖所指度数。

(二)认识岩层层理、节理(裂隙)、不整合

1. 认识层理和节理(裂隙)

(1) 岩层:在地质历史发展过程中,同一地质年代中在相对稳定、相同环境中的沉积物所形成的一套岩石称为岩层,同一岩层其上下面是互相平行的,岩相也是大致一样的。

(2) 层理:在形成岩层的过程中,由于自然地理环境不断地变化,沉积物颗粒粗细不同,颜色不同,或者成分不同,按一定规律分布,都可形成层理。

(3) 节理(裂隙):当岩层受力超过岩石本身强度时发生的断裂。沿断裂面没有或者有微小位移的称为节理(裂隙)。

层理与节理之区别主要取决于走向是否可以延长较远,若是层理面,其在走向方向可延长较远,而节理之走向则不能延长。

2. 不整合接触

上山时可见第四纪与基岩的接触关系为一角度接触,即不整合接触。

(三)岩性描述应注意的内容

在野外对岩性描述要注意岩土的新鲜面颜色、风化面颜色、矿物成分、结构、构造、颗粒大小、分选性、磨圆度、胶结物、胶结程度、风化程度、以及岩层厚薄有无夹层,裂隙的发育情况,露头出露的好坏,形成的地形、植被、自然坡度等。

在此处见到露头的地层属泥盆系西湖组($D_3^1 x$)。

（四）峒室稳定性评价内容

浙江大学后边的老和山山脚下,有两个峒室(一个为仓库,另一个为老干部活动室),观察洞口位置的岩体稳定性、洞轴线与岩层产状的关系、洞顶岩层厚度、洞口劈口的长度、宽度、洞口隐蔽条件、洞顶山坡排水条件、洞口处岩体工程地质条件(岩性、产状、节理发育情况、断层与洞口关系、岩石风化破碎情况等)内容,从而对洞口岩体稳定性进行工程地质评价。具体评价内容如下。

1. 洞口位置的选择

洞口位置的选择取决于地形、地质和使用要求等条件。

(1) 地形条件:从山脊处进洞(垂直等高线),可防止地表水的冲刷。

(2) 避开第四纪残坡积物厚的地方,以免坍塌。

(3) 避开主构造线,如破碎带、断裂带等,并应垂直于岩层走向。

(4) 考虑隐蔽条件。

(5) 洞口朝向、洞口处岩层产状、洞口标高等也应予以充分考虑。

2. 洞口稳定性评价

(1) 洞口两侧基岩稳定问题:考虑两侧基岩风化、节理裂隙发育情况、边坡稳定情况等。

(2) 地质构造对洞口的影响:本洞口由于存在断裂带,使洞口内移。

(3) 洞顶稳定性评价侧重于对洞顶岩层厚度的要求,一般不小于洞跨的 2.5~3.0 倍,且一般为 25.0~30.0 m。

## 第二节　老和山北坡(古荡以东)水点调查路线

### 一、教学实习观测路线

本教学实习观测路线为老和山北坡古荡附近—原浙江大学机械厂—浙江大学后门。

### 二、教学实习内容与要求

(1) 通过井泉观察,了解沟谷地带地下水的类型及特征。

(2) 进行井泉初步调查,弄清其成因及类型,并对不同类型泉水的补给来源进行讨论。

(3) 认识山坡前地下水流对地下工程及道路路基的影响。

(4) 认识第四系残积层、坡积层的特征。

### 三、时间

本次教学实习时间为半天。

### 四、讲解提纲

（一）古荡泉

古荡泉位于老和山北麓坡脚处、古荡村东,海拔高度 7.50 m,泉的类型为基岩裂隙上升泉。该泉水量稳定，四季不干，即使在 1924 年大旱之年，泉水也未曾干涸，泉水出露处为一石砌潭坑，水潭中水的体积约 4.0 m³，潭底有气泡不断冒出。泉水无色、无味、透明。20 世纪 90 年代前，泉水主要用于灌溉附近农田和解决古荡村村民生活用水问题，90 年代以后，由于城市建设与发展，古荡泉附近全部为居民点或工厂。同济大学水文地质与工程地质专业师生曾于 1961 年 6 月 23 日对古荡泉作过简易抽水试验，涌水量约 43.2 m³/d(0.50 L/s)，潭内泉水抽干后，两小时后就能恢复到原水位，泉水温度为 18℃。古荡泉附近岩性为泥盆系西湖组($D_3^1x$)石英含砾砂岩，节理发育，附近有断层擦痕，岩层中有小的错动，岩层产状为 SE120°∠59°。

　　泥盆系西湖组($D_3^1x$)石英含砾砂岩透水性不好，但由于岩层之间错动，张开裂隙发育，水在裂隙中流动，古荡泉紧靠老和山，老和山山体中的基岩裂隙水是古荡泉泉水的重要补给来源。另外，由于西湖组石英含砾砂岩中夹有砂质页岩，受岩层错断切割的影响，地下深部砂质页岩成为相对隔水层，地下水顺着裂隙上升流出地表形成古荡泉。

　　(二) 钻孔

　　1960 年 3 月，浙江省工业设计院受委托，按厂房降温要求在老和山北麓坡脚处寻找冷却水而开孔，同年附近农田由于干旱曾用此水灌溉，现钻孔已报废，在孔口和孔口附近水沟内有褐黄色的铁质沉淀物。1978 年，又在其附近新打一钻孔，此孔曾作为地震观察孔(水中含氡 Rn)。目前，附近居民将新钻孔的水作为饮用水，据当地居民反映，水质虽然很好，但有一些铁锈味。钻孔附近的地质与水文地质条件如下。

　　(1) 钻孔位置：位于古荡镇东南竹林旁、老和山北麓坡脚处，古荡派出所围墙外侧，新钻孔处现已修建成泵房。

　　(2) 地貌简述：钻孔南靠老和山，老和山坡度约 50°，山顶海拔标高约 150.00 m。北为冲洪积平原，标高约 5.0 m；西及东为洪坡积裙，标高约 7.0 m。

　　(3) 钻孔通过的地层岩性：钻孔深度 100.0 m，由钻孔地质剖面可知，上部由厚约 3.0 m 第四系残坡积层的褐黄色黏性土夹碎石、卵石组成。下部由厚约 97.0 m 的西湖组石英含砾砂岩、间夹薄层紫红色砂页岩和砂砾岩组成。

　　(4) 水文地质条件：由于受地质构造变动的影响，岩层裂隙发育，透水性良好。钻孔水位高出地面约 2.0 m(因管路漏水，实际水位还要高)，属于基岩裂隙承压水，西湖组($D_3^1x$)石英含砾砂岩裂隙发育带构成含水层。抽水时，古荡附近井、泉水位均不受影响，说明裂隙发育具方向性，裂隙与裂隙之间不连通，无水力联系。

　　(5) 水质水量：最大涌水量为 228.96 m³/d(2.65 L/s)，水质良好，属 $HCO_3-Ca$ 型水，pH=6.7，总矿化度 $M$=115 g/L，$c(Fe^{2+})$=6～7 mg/L，含铁质多，有铁锈味，铁细菌总数和大肠菌菌值都低于《生活饮用水卫生标准》(GB 5749—2022)，可作为生活饮用水和一般工业用水。但水中含钙离子较高，如作锅炉用水，须进行水质处理。

　　(6) 孔壁加固：由于钻孔上部存在厚约 3.0 m 第四系残坡积层，此处用套管护壁加固。

　　(三) 原浙大机械厂附近的民井

　　(1) 位置：老和山北麓坡脚处。

　　(2) 岩性：第四系残坡积层。

　　(3) 泉水类型：该泉水源为第四系残坡积层中的潜水以渗透形态而流出地表，因而属第四系残坡积层潜水补给的下降泉。

（4）水量、水温：水量、水温不稳定，随气温而变，根据访问，水量受气候影响而变化，干旱时，虽水量显著减少，但一般不干涸。

注意观察残坡积层的特点，岩性成分同附近母岩，碎块带棱角、无分选性或分选性差，无明显层理现象，具压缩性。

（四）熔结凝灰岩基岩裂隙水

溶结凝灰岩基岩裂隙水水点位于原浙大机械厂与浙大后门之间。居民在此开了一个水池作生活用水水源，该水点的补给来源主要由侏罗系（$J_3h$）熔结凝灰岩构造裂隙承压水补给（根据前人资料），另外还有残坡积层潜水补给。在水池中可以见到气泡上升。据访问当地居民得知该水点水量较稳定。目前熔结凝灰岩基岩裂隙水水点已被填埋，其上已建造楼房。

（五）残积层、坡积层（沿老和山旁一带）

残积层是在原地堆积的基岩风化产物。残积层的特点是岩性与下伏基岩基本一致，随着深度增加逐渐变为基岩。对残积层进行观察，可以看到岩性成分没有经过分选。其中，黏土夹碎石，碎石颗粒大小不一且有棱角，没有层理，在斜坡上的残积层往往很薄，但在地形比较低的部位，厚度可以由几十厘米至几米。在开挖隧道洞口、路堑边坡时，遇残积层比较容易滑动。

坡积层是由于重力作用以及在雨水、雪水参与下将风化产物搬运到山坡平缓处、山坡脚下山前平原的边缘沉积。它的特点是颗粒较细，厚度较大，有时可达几十米，分选性差。

评价坡积层组成边坡的稳定性应主要研究以下几个问题。

（1）坡积层下面基岩的坡度。

（2）坡积层下面的基岩内是否有含水层。

（3）构成坡积层的岩性以及下伏基岩的岩性。

在杭州地区地质实习路线中所看到的坍塌与滑坡，就有好几处是在残坡积层内的滑动，如白鹤岭小滑坡就是残坡积层内的滑动。

在古荡泉至浙江大学后门这一较小的范围内，看到有泥盆系西湖组（$D_3^1x$）石英含砾砂岩基岩裂隙承压水、侏罗系熔结凝灰岩构造裂隙水以及第四残坡积层中的潜水。在三种不同岩性中，有两种类型的泉出现（上升泉、下降泉）。调查观察这些水文点的目的在于认识地下水与地下工程的关系，地下隧道进出洞口边坡的稳定性应考虑地下水的活动；在开挖地下隧道过程中应考虑突然涌水对隧道的影响。因此，在修建地下工程时，必须对地下水有足够重视。另外，修建路基、路堑边坡时，也应考虑地下水对其产生的影响。

# 第三节  玉皇山路线

## 一、教学实习观测路线

本次教学实习观测路线为马儿山（或天化山）—半耕亭（白云庵）—原福兴亭—紫来洞—梯云岭—九曜山—青龙山。

## 二、教学实习内容与要求

（1）野外地质工作方法的练习，了解野外地质观察路线的选择及路线上地质点的定点原则。

（2）利用地形图（见附件2），学会罗盘交会法及地形地物目测定点方法。

（3）根据路线前进方向及观察的内容画好顺手剖面图。

（4）系统观察和描述沿线出露的泥盆系上统下段西湖组（$D_3^1x$）、上统上段珠藏坞组（$D_3^2z$），石炭系中统黄龙组（$C_2h$），上统船山组（$C_3c$）及二叠系下统下段栖霞组（$P_1^1q$）地层的岩性特征。

（5）根据路线上出露地层的时代关系及岩层产状分析认识玉皇山向斜、青龙山背斜构造；观察和认识玉皇山断层、玉皇山西坡断层和梯云岭断层的地质构造特征，描述断层的野外识别标志。褶皱轴、断层点应定点并记录。

（6）熟悉石灰岩地区岩溶地形及其形态特征，了解并分析岩溶的成因及发育规律，进行工程地质及水文地质初步评价。

（7）登玉皇山顶观察之江的河曲地貌、西湖及环湖山川地势。

玉皇山是道教山，有玉皇飞云、八卦田、紫来洞等景点，蕴含着中国古代自然哲学观，属于中国独有的思想文化体系。毛泽东同志曾于20世纪50年代攀登过玉皇山。

### 三、时间

本次教学实习时间为一天。

### 四、讲解提纲

（一）天化山（或马儿山）

熟悉玉皇山及其附近地区地形图，找出所在点在图上的位置以及前进的方向。初步进行地质定点的野外基本工作方法练习，并鉴定所在点的地层岩性、产状、节理、构造等，并将点位和岩层产状要素标在地形图上。

本点的岩性为珠藏坞组（$D_3^2z$）紫红色、灰黄色砂页岩、泥岩、灰白色长石石英砂岩等，其产状NW340°∠54°。

（二）半耕亭（白云庵）

1. 石灰岩地区岩层层面的识别。

（1）远看厚层石灰岩的延伸方向及排列次序来识别层面。

（2）根据植物大致沿层面方向分布的规律来识别。

（3）根据溶沟、溶槽沿岩层延伸方向发育来识别。

（4）缝合线的位置往往是层面的位置。

2. 本点的岩性为黄龙组（$C_2h$）微肉红色、浅灰色厚层结晶灰岩，产状NW340°∠57°。沿着山路往上走，岩石颜色逐渐由浅变深。

（三）距半耕亭约90.0 m山坡的小路上

此处为船山组（$C_3c$）灰岩，浅灰—深灰色，含"船山球"球粒构造。岩层产状NW310°∠52°。由半耕亭开始，顺着山间小路上山，穿行在树林中，一边听着老师讲解有关的专业知识，一边可沿途寻觅船山灰岩中的"船山球"球粒构造并察看路边的历史石刻遗迹。

（四）原福兴亭附近

此处为船山组（$C_3c$）灰岩与栖霞组（$P_1^1q$）灰岩的分界点。栖霞灰岩色杂，常为灰黑色，含较多燧石条带或团块为其特征,锤击之有臭味,故又名"臭灰岩"。其产状 NW306°∠58°。

(五)紫来洞

紫来洞为一天然溶洞,由栖霞组($P_1^1q$)灰岩组成,位于玉皇山向斜构造的 SE 翼部处。岩层产状 NW322°∠48°。

(1)岩性为杂色、灰黑色致密厚层石灰岩,洞内含有大量燧石条带(或团块)。

(2)洞内次生石钟乳、石笋、石柱不甚发育。

(3)分析岩溶的形成条件和影响因素。

(4)对天然溶洞作详细调查,并进行工程地质稳定性评价。

在紫来洞外适当位置可俯瞰山下清水环绕的八卦田,理解"山水林田湖草沙是生命共同体"的系统思想内涵。

(六)玉皇山西坡

玉皇山西坡位于紫来洞到盘山公路至梯云岭途中。

(1)注意观察岩性变化及岩层产状的变化,岩层倾向从北西逐渐转为北东最后转为南东。岩性从含燧石条带的栖霞组($P_1^1q$)灰岩到发现含大量"船山球"球粒构造的船山组($C_3c$)灰岩。从而确定玉皇山向斜的核部。

(2)在盘山公路(或玉皇山顶)处观察钱塘江地貌,可以弥补在钱塘江沿岸观察的不足。尤其是呈"S"形弯曲的钱塘江加上作为一点的西湖,成为一个反"之"字形,即为之江"之"的来历。在该处,阶地可分为四级,一级阶地是堆积阶地,二级~四级阶地是侵蚀阶地。

(七)梯云岭

(1)梯云岭茶树林处至近九曜山坡下及第一个探槽中可见珠藏坞组($D_3^2z$)长石石英砂岩,其产状 SE124°∠50°。在此可讨论并得出玉皇山向斜构造的结论——岩层重复出现,老包新,两翼岩层倾向方向是相对的,枢纽向北东方向倾伏。

(2)九曜山鞍部第二个探槽中,发现断层擦痕面及石英砂岩与石灰岩破碎后重新胶结在一起的构造岩,并又出现栖霞组($P_1^1q$)灰岩。说明有断层(梯云岭断层)存在。

梯云岭断层依据如下:

① 断层两盘岩层重复出现;
② 老地层珠藏坞组($D_3^2z$)覆盖在新地层栖霞组($P_1^1q$)之上;
③ 发现断层角砾岩及擦痕;
④ 近九曜山一盘为一陡壁,断层通过处地形为一鞍部地带;
⑤ 断层旁侧石灰岩有重结晶现象。

因此,断层性质为逆断层。

(八)沿九曜山往青龙山方向

沿途仍为栖霞组($P_1^1q$)—珠藏坞组($D_3^2z$)岩层(不详细分)。产状均向南东方向倾斜。

途中有一四眼井,四眼井为杭州市最为古老的水井,昔日附近街民皆以此井为生活用水,井深约 3.0 m、径约 2.0 m 多,井口有石板覆盖,仅留四个圆形的取水口,因而得名。

(九)青龙山背斜

道路旁的青龙山背斜核部剖面位置的岩性为西湖组($D_3^3x$)含砾石英砂岩,两翼岩层产状相背倾斜,为一向北东倾伏的背斜,转折端较尖锐,背斜核部砂岩因受动力挤压而有烘烤的变质现象,为一典型的、直观的背斜核部。

附玉皇山—青龙山地质顺手剖面图(图 2-3-1)。

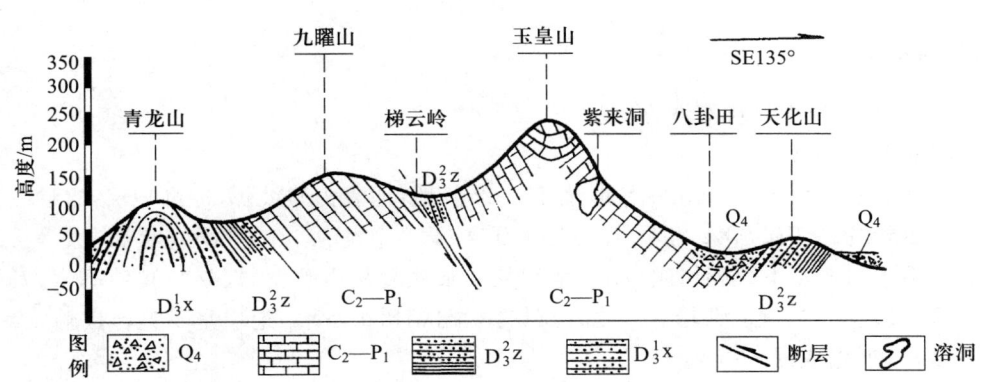

图 2-3-1　玉皇山—青龙山地质顺手剖面图

## 第四节　钱塘江沿岸路线

### 一、教学实习观测路线

本次教学实习观测路线为徐村沟口—自来水厂水库闸门—九溪沟口—浙江大学三分部—五洞桥—六和塔小学—钱江大桥北岸桥台—白塔山—万松岭。

### 二、教学实习内容与要求

(1) 认识徐村一带滑坡及崩塌的现象与特征,分析其产生原因,了解防治措施。

(2) 观察并描述之江组($Q_2z$)砂砾层、棕红色网纹黏土,朝川组($K_1c$)凝灰质砂页岩、泥岩,唐家坞组($S_3t$)细、中砂岩,西湖组($D_3^1x$)石英砂岩和珠藏坞组($D_3^2z$)杂色、紫红色砂、页岩的岩性特征。

(3) 认识河曲与阶地。

(4) 认识与分析五洞桥处接触下降泉出露的地质条件。

(5) 钱塘江大桥桥址的选择。

(6) 认识白塔山小断层并了解线路选择的工程地质条件。

(7) 认识万松岭平移断层。

由钱塘江沿岸教学实习观测路线,从沿线不良地质现象的发生、发展和处置中,认识工程地质灾害防治是人类与自然和谐相处之道,不应以牺牲自然环境为代价过度开发。

参观钱塘江大桥纪念馆,跟随著名的桥梁专家茅以升先生求学海外、报效祖国之路,学习茅以升先生为国为民的爱国主义精神。

通过观察钱塘江沿岸的城市发展与建设成就,增强青年学生的绿色发展观,激发青年学生的社会责任感和爱国主义情怀。

### 三、时间

本次教学实习时间为一天。

### 四、讲解提纲

(一)观察与分析徐村滑坡、崩塌

1. 徐村情况概述

徐村滑坡地段位于五云山东南麓、徐村一级阶地,地表为残坡积、冲洪积层,岩性主要为第四系中更新统之江层($Q_2z$)粉质黏土夹砾石,棕黄色砂砾层、红色"网纹状黏土"等。之江层下伏岩系为白垩系下统朝川组($K_1c$)紫红色及杂色凝灰质砂页岩、凝灰质砂砾岩,其岩层产状为SE140°∠30°,倾向钱塘江。之江层($Q_2z$)与朝川组($K_1c$)地层呈不整合接触关系。

2. 滑坡、崩塌成因分析

1966年以前,此处未建设公路,系附近农民的菜园,由于雨季大量雨水渗入之江层($Q_2z$),同时,山上部队生活用水也由此排出,加上垦荒破坏坡脚,因而在1966年以前就发生过滑坡,第四系粉质黏土夹砾石层沿着基岩面往下滑动,系顺层滑坡。

1966年,杭州城建部门考虑到徐村至五云山疗养院这一段公路路窄坡度陡,每年都会发生人力车翻车事故,故决定改线走江边,在施工时,由于开挖边坡,原有滑坡复活,继续下滑,其山坡前缘堑顶随之产生崩塌。

从上述情况分析,产生滑动的原因是多方面的:从岩性来看,之江层垂直缝隙发育,透水性较好,而下伏基岩朝川组凝灰质砂、页岩可视为相对隔水层,地表水(雨水、生活用水等)渗入之江层,导致滑坡体的主动下滑力增大,同时水又浸润了土体,使土体的抗剪强度减小,增大了下滑趋势,而之江层发育有一组垂直裂隙,因而在坡脚开挖后,减小了抗滑力,破坏了原有的平衡而易于产生滑动。另外,公路上车辆运行的震动也促使路基附近土体裂隙的不断增大。

3. 工程措施

(1)原公路改道沿江边走。

(2)修筑阶梯式挡土墙,挡土墙基础建在原滑动面以下朝川组($K_1c$)凝灰质砂、页岩中。

(3)堑坡坡顶部队驻地生活排水改由西南方向冲沟排出。

(4)在钱塘江边筑顺坝及路堤,保护凹岸,使之不再受江水冲刷侵蚀。

4. 民航疗养院——浙江大学新生院(三分部)

选择适当位置观察第四系剖面。

5. 洪积扇

冲洪积物自九溪沟口向外呈放射状构成一洪积扇,由于后期遭受流水侵蚀作用,扇形面被破坏,形态不完整。从民航疗养院至浙江大学新生院(之江学院)体育场到钱塘江边。

斜切这一洪积扇,可以看到一个完整剖面:基岩—残破积物—冲洪积物—冲积物,如图2-3-2所示。

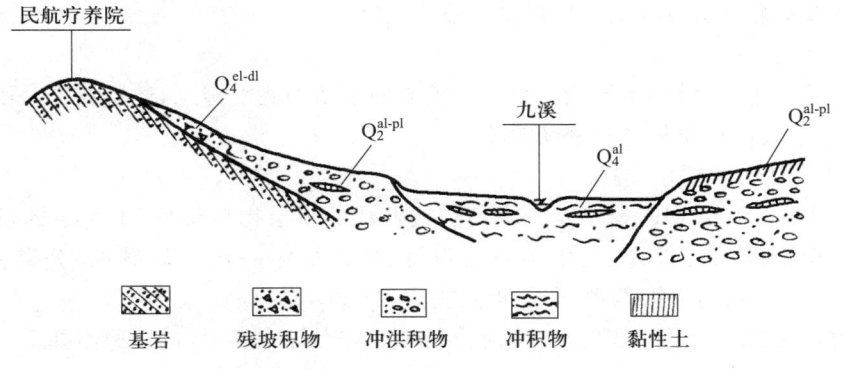

图 2-3-2　洪积扇剖面示意图

**(二) 冲洪积物(浙江大学新生院体育场)**

之江层($Q_2z$)由冲洪积物组成,主要为红色黏质粉土、粉质黏土夹砾石。砾石的成分为石英砂岩、含砾石英砂岩等,砾石的磨圆度一般,颗粒大小不均匀。冲洪积物的依据是可看到一些层理,这是冲积物的特征。但也有零乱而没有层理的堆积,分选性较差,磨圆度不好,这是洪积物的特征。在公路上还可以看到洪积物与冲积物交互的剖面。也有人认为这是冰碛层。

**(三) 认识河曲与阶地**

河水流动过程中,在不断刷深河床的同时也不断地冲刷河床两岸,将这种使河床不断加宽的作用称为河流的侧蚀作用。河水在运动过程中横向环流的作用,是促使河流产生侧蚀的经常性因素,钱塘江九溪徐村处为河湾部分,横向环流作用最为显著。当流动的河水进入河湾后,受离心力的作用,表层流束以很大的流速冲向凹岸,产生强烈冲刷,使凹岸岸壁不断坍塌后退,并将冲刷下来的碎屑物质由底层流束带向凸岸堆积下来。由于横向环流的作用,使凹岸不断受到强烈冲刷,凸岸不断发生堆积。

钱塘江两岸由于岩性不同和水流的惯性作用,向侧侵蚀形成河曲,形似"Z",加上西湖"一点",故有"之江"之称。

河流弯曲后,凸岸接受堆积,凹岩受冲刷。但目前徐村凹岸处已不再受冲刷,其原因是附近已建顺坝改变了水流方向(堤坝包围起来的区域也成为杭州自来水厂的水库)。

通常,在河流凹岸处容易发生坍岸,不宜修建工程建(构)筑物,河流凸岸处是建筑材料(砂、砾石等)的产地。

观察河曲和阶地,若在六和塔顶层远望较为明显,尤其是河曲为较明显的"Z"形弯曲。沿六和塔下公路开始,阶地为一级阶地,往上逐渐可以看到二级、三级等阶地。

**(四) 原六和塔小学小滑坡**

在原六和塔小学山坡旁及山坡下接近公路处,可以看到滑坡的残余现象。该处曾出现过老滑坡的复活。现象是:在坡脚下约 100.0 m 长的公路两端横向被剪断。可看到滑坡陡壁、滑坡周界、滑坡舌、滑坡台阶等滑坡特征。山坡上原六和塔小学房屋墙壁发生了明显开裂,在此处实习观察时,可以作一些简单的分析和调查。

**(五) 五洞桥附近接触下降泉**

**1. 泉水出露的地质条件**

(1) 泉附近出露的基岩为唐家坞组($S_3t$),紫红色铁质细砂岩,其产状为 NE35°∠43°。

(2)泉水在第四系残坡积层与基岩接触处流出。

### 2. 泉水动态

泉水水量较稳定,常年不干涸。泉水补给来源主要为大气降水,还有一部分由基岩裂隙水补给,并与附近的地质构造有密切关系。

### (六)钱塘江大桥桥位选择

钱塘江大桥,又名钱江一桥,是一座横跨钱塘江的双层桁架梁桥,由著名的桥梁专家茅以升先生主持全部结构设计,是中国自行设计、建造的第一座双层铁路、公路两用桥,于2006年5月25日被列为第六批"全国重点文物保护单位"。

选择桥址时,要从政治、经济、工程地质条件等方面综合考虑,选址原则如下。

(1)可选在河谷狭窄处,可以减少桥的长度以节省基建费用。

(2)可选在离开弯曲河道至少200.0 m的河流直道处,两岸冲刷小而均匀,以保证河床的稳定。

(3)河床基底要平,使桥墩受力均匀。

(4)不要选择在河流支流与主流汇合处,因交汇处水流流速不同,使桥墩受力不均匀,易产生剪力而破坏桥墩、桥台的稳定性。

(5)应考虑河流两岸岩层的产状,岩层倾向岸为好,这样在桥台处不会产生顺向滑动(若为土坝,则岩层产状倾向上游为好,不易产生挠坝渗流,而使桥台保持稳定。若两岸都有岩层,桥台应选择在河流流向与岩层走向垂直或尽量是大角度的地段,这样岩层不易产生倾向河流的滑动。

### (七)白塔山铁路路堑处

(1)沿白塔山路堑顺铁路边坡作顺手剖面,该处地层岩性出露较清楚,构造简单,岩层产状易识别,可见到西湖组($D_3^1x$)石英含砾砂岩与珠藏坞组($D_3^2z$)紫红色砂页岩、泥岩呈整合接触关系。

(2)白塔山山坡上小断层清晰可见,紫红色砂页岩不连续,根据拖曳现象,能很快作出判断,系正断层性质。

(3)岩层产状与铁路线路关系:对于深路堑和高边坡来说,路线垂直岩层走向,或路线与岩层走向平行但倾向与边坡倾向相反时,就岩层产状与路线走向的关系而言,对路基边坡的稳定性是有利的;不利的情况是路线走向与岩层的走向平行,边坡与岩层的倾向一致,坡面容易发生风化剥蚀,产生严重碎落坍塌,对路基边坡及路基排水系统将会造成经常性的危害;最不利的情况是路线与岩层走向平行,岩层倾向与路基边坡一致,而边坡的坡角大于岩层的倾角,容易引起斜坡岩层发生大规模的顺层滑动,破坏路基的稳定性。

### (八)万松岭平移断层

万松岭平移断层是杭州地区较为典型的平移断层之一。该断层位置处于万松岭公路上。判断为断层的主要依据是:断层横切由西湖组($D_3^1x$)石英砂岩所组成的背斜核部,使背斜核部相对平移约120.0 m,如图2-3-3所示。

### (九)浙江革命烈士纪念馆

位于万松岭路100-1号的是浙江革命烈士纪念馆,纪念了在艰苦卓绝的革命征途中,无数革命先烈为了人民幸福,为了民族复兴,流血牺牲的英勇事迹。该纪念馆先后被民政部、浙江省、杭州市授予爱国主义教育基地、国家国防教育示范基地、浙江省党史学习教育基地,被中华人民共和国国务院列为全国重点烈士纪念建筑物保护单位。

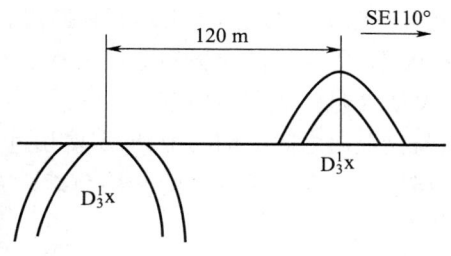

图 2-3-3  万松岭平移断层平面示意图

## 第五节  龙井—灵隐路线

### 一、教学实习观测路线

本次教学实习观测路线为龙井—棋盘山—天马山垭口处—鹰嘴岩—顺西坡背斜谷下至上天竺—灵隐—飞来峰。

### 二、教学实习内容与要求

（1）进一步认识西湖组（$D_3^1 x$）、珠藏坞组（$D_3^2 z$）、黄龙组（$C_2 h$）、船山组（$C_3 c$）地层的岩性特征。

（2）认识飞来峰岩溶地形和天然溶洞特点。

（3）认识天马山断层、棋盘山背斜谷、飞来峰向斜的地质构造。

（4）了解部分山区地貌及部分冰川地貌特点。

### 三、时间

本次教学实习时间为一天。

### 四、讲解提纲

（一）观察龙井泉、分析泉的形成条件及泉的类型

龙井泉位于船山组（$C_3 c$）地层中，属于裸露型岩溶水。该泉位于南高峰向斜翘起端，石灰岩倾向北东，与地形坡向一致。泉周围受地层中的断层影响，裂隙纵横发育，为龙井泉水径流的良好通道，泉水常年不干涸，水量稳定，流量为 43.2～86.4 m³/d（0.5～1.0 L/s），水质为 $HCO_3 - Ca$ 型水，固形物含量为 0.26 g/L，总硬度 13.7 德国度（1 德国度相当于 1 L 水中含有 10 mg 的 CaO）。用晶莹的泉水泡龙井名茶，清香溢口。

（二）观察本区域地段现象

从龙井茶室沿棋盘山东坡登棋盘山顶，往上不远处有船山组（$C_3 c$）灰岩的一大露头，能见到明显的"船山球"出露，往上又出现黄龙组（$C_2 h$）灰岩，再往上有砂岩出露，但露头层理不清，出现断层角砾岩（出现多处）并存在擦痕面等。

1. 遥望天马山断层

(1) 岩性:天马山地区出露的地层为西湖组($D_3^1x$)石英砂岩。

(2) 构造:天马山为背斜构造,是杭州复向斜构造中的次一级构造,在天马山上可以见到由于断层作用而形成的拖曳褶皱,呈"$\eta$"字形构造。

天马山断层位于天马山与棋盘山之间的沟谷中,断层横切过天马山与棋盘山背斜轴部,使背斜轴部连不起来。在断层带发育有硅质胶结的断层角砾岩及条带,并见有多处断层擦痕面。

2. 棋盘山—鹰嘴岩

(1) 棋盘山背斜谷:由于背斜轴部张性构造裂隙(楔形)较发育,后期受到地表水的侵蚀作用而形成的沟谷称为背斜谷。其两翼均为西湖组($D_3^1x$)石英砂岩,产状向背倾斜。

(2) 包含以下几种地貌特征。

① 角峰:由较坚硬岩石组成的山顶被长期剥蚀作用改造成金字塔形的陡峭山峰称为角峰。

② 鳍脊:棋盘山至鹰嘴岩原为较圆滑的分水岭,变成了窄峭如鱼鳍的山脊,这与坚硬的岩性有密切的关系。

③ 鹰嘴岩单面山:由单斜岩层组成的不对称的山体,即一面陡(常为断层切割),一面缓(山坡顺岩层面倾斜)。其形成条件为岩石坚硬、单斜构造。

(3) 对冰川漏斗的串珠状谷地的讨论。

著名地质学家李四光先生曾提出,在鹰嘴岩南面有一个由冰川作用形成的冰川漏斗,并且在冰川运移过程中,因多次刨蚀作用而形成串珠状河谷地(U形谷)。但尚未发现冰川沉积物及冰川擦痕,故有待研究。

(三) 天竺路沿线

沿天竺路,经孙公泉至飞来峰东麓,再登飞来峰,进玉乳洞,至飞来峰西麓止。通过对岩层产状的测量,了解飞来峰向斜褶曲的形成特征:向斜核部主要由船山组($C_3c$)灰岩组成,被黄龙组($C_2h$)灰岩所包,呈一拖鞋形,向斜轴为北东,枢纽南西翘起,向北东倾伏,即向西湖方向倾伏。

(四) 观察飞来峰地区岩溶现象

了解飞来峰向斜构造和节理裂隙对飞来峰岩溶发育的影响和控制作用,并了解岩溶发育的规律。

飞来峰地区的天然溶洞,地下水以水平侵蚀为主,岩溶常顺层发育,洞内见有石钟乳等,必须进行详细观察和调查,并对天然溶洞稳定性作出评价。

(1) 洞体附近地质构造:褶曲、断层、节理裂隙等。

(2) 岩层产状:洞室轴向与岩层走向关系。

(3) 岩层厚薄及岩性变化特征。

(4) 洞体形状及埋藏条件。

(5) 顶板情况:洞顶有无危岩,洞顶上部覆盖层厚度等。

(6) 洞内充填情况和洞内堆积物。

(7) 有无地下暗河活动等。

根据上述诸方面因素,对天然溶洞作出综合性评价。

（五）侵蚀环现象

由于飞来峰周围（三面）是珠藏坞组（$D_3^2z$）砂岩地层，岩性甚为坚硬，而飞来峰本身是石灰岩，易溶蚀而形成中间低洼外围高耸的侵蚀环。

（六）在"天外天"旁的石马上，观察蜓科化石、生物碎屑结构及生物灰岩

灵隐寺为中国佛教古寺，又名云林寺，背靠北高峰，面朝飞来峰，始建于东晋咸和元年（326 年），现为全国重点文物保护单位。

## 第六节　宝石山路线

一、教学实习观测路线

本次教学实习观测路线为岳王庙—栖霞岭—紫云洞—紫云洞门口—葛岭初阳台—宝云山—宝石山，宝石山地区地形图如图 2-3-4 所示。

二、教学实习内容与要求

（1）认识侏罗系黄尖组（$J_3h^3$）火山凝灰岩、熔结凝灰岩、流纹质凝灰岩、沉凝灰岩的岩性特征和对喷发旋回的初步了解。

（2）了解紫云洞的成因和特征。

（3）了解岩石风化的工程地质研究。

（4）认识在火山岩中的栖霞岭断层特点。

（5）学习节理裂隙调查方法。

本次实习线路的起点为岳王庙，岳王庙为第一批全国重点文物保护单位和全国中小学爱国主义教育基地。离岳王庙不远处有"五四宪法"历史资料陈列馆，展现党领导人民制定宪法、实施宪法的真实历程和光辉业绩，陈列馆为全国爱国主义教育示范基地。

从宝石山上看西湖时可了解其成因，俯视由唐朝白居易、北宋苏东坡在西湖中利用疏浚西湖而挖出的淤泥蒴草堆筑的白堤和苏堤。

本线路中另有保俶塔和宝石山造像等人文景观。在此可组织学生讨论爱国主义精神、依法治国理念和公仆意识等。

三、时间

本次教学实习时间为一天。

四、讲解提纲

（一）岳王庙至紫云洞的路旁"觉路"（石刻碑为 1931 年刻）处观察内容

认识英安质玻屑熔结凝灰岩的岩性和岩石风化的特征，观察断层错动带擦痕。这里的英安质玻屑熔结凝灰岩已经风化，但仍可看到长石斑晶、凝灰角砾、少量石英火山灰等物质。断层擦痕面产状为 NW340°∠56°。

# 宝石山地区地形图

比例尺 1:10 000

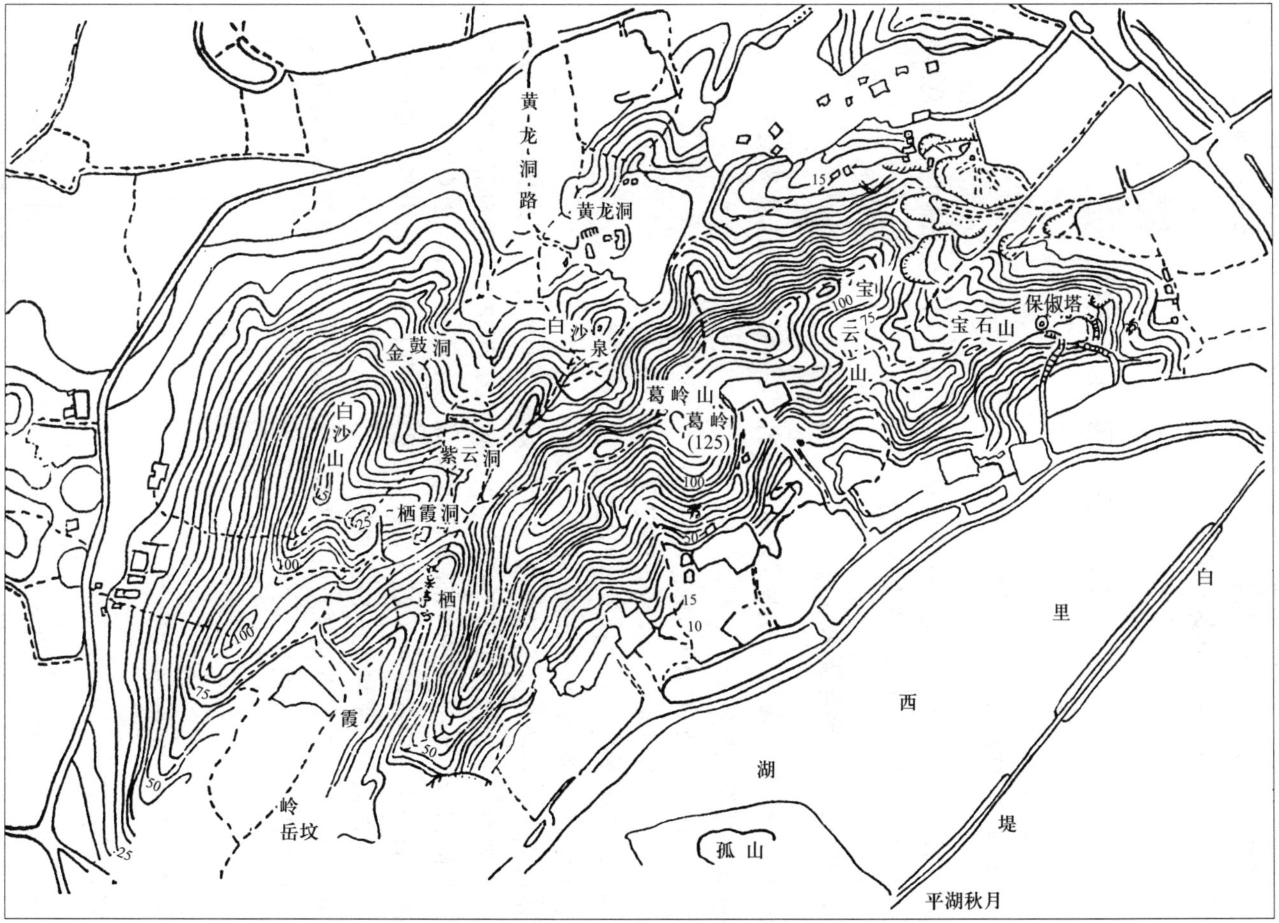

图 2-3-4 宝石山地区地形图

(二)紫云洞

(1)岩性:紫红色流纹英安质熔结凝灰岩,斑晶以长石为主,少量石英、黑云母,基质为隐晶质。

(2)紫云洞的成因与特征:岩层受附近构造断裂的影响,发育三组节理,其中顺层节理扩张,节理特别发育,形成临空体在重力作用下崩落而成洞穴。因此,洞内有大量崩落堆积物。

(3)与溶洞的区别:① 成因不同;② 岩性不同;③ 现象不同;④ 无地下水作用痕迹。

(三)紫云洞外小路上(栖霞岭鞍部)观察内容

(1)小路南山坡上可见一套沉凝灰岩夹凝灰质粉砂岩,局部已风化成斑脱岩。产状为 SE125°∠40°。

(2)去葛岭路上又有一大擦痕面,产状为 NW300°∠54°。

(四)栖霞岭断层

呈岳王庙—栖霞岭—黄龙洞方向延伸(NE向)。断层的证据如下:

(1)由火山喷发旋回可知两盘岩性不连续,地层缺失,且产状不一致。

(2)沿栖霞岭一带发现多处断层擦痕面,倾向均为北西,据其连续分布特点,可能即为断层面产状。

(3)地貌上为一低凹的鞍部。

(4)沿断层带有一系列串珠状的泉水出露。

(5)断层两盘节理较发育(紫云洞内),推测该断层性质紫云洞为上升盘,葛岭为下降盘,是一逆断层。

(五)初阳台附近观察内容

(1)岩性:紫灰、紫红色流纹质熔结凝灰岩、含角砾及少量碧玉团块熔结凝灰岩,斑晶为长石、黑云母,石英较少,基质为隐晶质,常见碧石细脉,沿节理充填。

(2)风化研究:在流纹质熔结凝灰岩组成的斜坡上,观察岩石的球状风化现象,由于昼夜和季节的温度变化,造成岩石表层与内部的不均匀热胀冷缩,引起壳状脱离,径向开裂的现象,表层岩石逐渐形成鳞片状风化剥落。

(3)远观西湖全景,讨论西湖成因,总体认识西湖复向斜构造及地貌特征。

(六)宝云山附近节理裂隙调查

1.目的与意义:岩石产生大量节理(裂隙)失去岩石的完整性,降低了岩石的强度和稳定性,裂隙与一定的主干断裂构造有成因关系,可间接推断裂隙发育与地下水的渗透活动密切相关,故进行节理(裂隙)调查具有一定的现实意义。

2.调查方法如下所述。

(1)选有代表性的点,不同方向的节理都发育。调查范围根据裂隙发育出露情况而定,一般所取面积越大,精度越高,取 1.0 m²、2.0 m² 或 5.0 m² 均可。

(2)裂隙统计。

① 裂隙率的计算见式(2-3-1)。

$$\text{裂隙率 } K_{tp} = \frac{\sum LB}{A} \tag{2-3-1}$$

式中 $L$——裂隙长度(m);

$B$——裂隙宽度(m);

$A$——调查的面积(m²)。

② 裂隙频率：单位长度上的裂隙数目（垂直主要裂隙方向，长度一般取 5.0 m）。

（七）宝石山

（1）岩性：含碧石条带（或团块）流纹质熔结凝灰岩，石英斑晶增多，黑云母相对减少，碧石条带方向与流纹及气孔排列方向一致，应为原生碧石。其产状为 SE120°∠37°。

（2）球形风化：岩石发育二组以上节理，棱角处易风化，磨圆成球状风化，同时由于砖红色碧石坚硬、抗风化能力强，故岩石风化以后，凸出于岩石表面之上。在太阳光的照耀下，由山下朝上看，碧石闪闪发红光。另外，宝石山上岩石柱状节理发育，常形成陡壁。

（3）宝石山断层：根据宝云山与宝石山的岩性分布特点以及其他所能观察到的地质现象，学生可分组讨论，分析附近有关断层的存在。

（八）宝石山—西湖

从宝石山下来至西湖边，在宝石山东侧西湖边北山街 44~49 号，为杭州市第一批历史保护建筑，现为"中国共产党杭州历史馆"所在地。杭州党史馆有三个展厅，分别是"民族独立人民解放的杭州篇章"和"推进社会主义建设的杭州记忆"，以及"走中国特色社会主义道路的杭州实践"。

## 第七节　龙井—翁家山—石屋洞路线

**一、教学实习观测路线**

本次教学实习观测路线为龙井—翁家山—烟霞洞—水乐洞—石屋洞。

**二、教学实习内容与要求**

（1）认识山坡线、越岭线、山谷线的道路选线原则。

（2）结合前面所学习的内容，要求学生自行观察和描述沿线出露的珠藏坞组（$D_3^2z$）、黄龙组（$C_2h$）、船山组（$C_3c$）岩性特征，滑坡崩塌、冲沟、断层的地质构造特征及与路线的关系，描述野外识别标志。

（3）观察和分析沿线采取的工程措施，如回头弯、压坡、护坡、路堑、排水措施（集水井、涵洞等）、支挡措施（挡墙、喷锚支护、高路堤边坡砌筑等）。

龙井附近的村落已经建设成整洁、鸟语花香的社会主义新农村，家家户户正是守着"绿水青山"而有了"金山银山"。针对龙井附近村落的绿色发展景观，组织学生进行交流与讨论。

**三、时间**

本次教学实习时间为一天。

**四、讲解提纲**

（一）龙井—翁家山（山坡线）

本条实习路线起点为龙井问茶，里面有一口井叫龙井。龙井是杭州四大名泉之一，水质清冽甘美，龙井茶叶名闻中外。龙井泉水由地下水与靠近地表的浅层水汇集而成。由于地下水重度较大,因此地下水在下部,地表浅层水在上部,如果用棒搅动井内泉水,下部的泉水翻滚到水面,形成一圈分水线,当地下水重新下沉,分水线渐渐缩小,最终消失,非常有趣。

该路线上遇到的地层主要为石炭系上统船山组($C_3c$)灰岩,该地层产状主要倾向 SE(逐渐转向 NE、NW)。线路在该段大致垂直岩层走向,山坡稳定性较好。但局部地段由于地质构造影响岩层较破碎,可见断层角砾岩及多处擦痕面,因此需要在该地段进行局部加固。

往翁家山行走为爬坡路线,路基视坡积物厚度及基岩稳定性而选用半挖半填、护坡、压坡、挡墙支挡等工程措施。

(二)翁家山垭口(越岭线)

(1)越岭线布局的主要问题:

① 垭口(山脊标高较低的鞍部)的选择;

② 过岭标高选择;

③ 展线山坡选择。

越岭方案有路堑与隧道两种,应结合山岭的地形、地质、气候条件、公路的等级和经济因素等综合考虑。

(2)考虑隧道越岭方案:

① 采用较短隧道,可以大大缩短路线长度;

② 在高寒山区,采用隧道可以避免或大大减轻冰雪病害;

③ 在褶皱岩层中,隧道位置应选在褶皱的翼部。

(3)对于路堑越岭方案:选择标高最低的垭口和适宜展线的山坡是非常重要的。

① 对宽而肥的垭口,只宜采用浅挖低填方案,过岭标高基本上就是垭口标高;

② 对窄而瘦的垭口,常常采用深挖方式,以降低过岭标高,缩短展线长度。

翁家山以路堑式通过垭口。地层仍为石炭系上统船山组($C_3c$)灰岩,可见大量船山球。

(4)翁家山老龙井泉为一基岩顺层裂隙岩溶水泉,位于向斜构造核部的石炭系上统船山组($C_3c$)灰岩地层中,该处地层节理发育、岩石破碎,其下为泥盆系上统珠藏坞组($D_3^2z$)砂页岩组成隔水层,为一良好的储水构造,汇水面积大,地下水径流补给通畅,水位稳定,常年不枯,水质好。

(5)垭口东南侧为挖方路堤,地基稳定,高路堤毛石护壁,不用浆砌,为降低道路坡度,设置了回头弯。

(三)烟霞洞

(1)地层为石炭系上统船山组($C_3c$)灰岩。

(2)地质构造处在南高峰向斜的转折端处。

(3)烟霞洞洞口朝南,洞形简单平直,洞底平坦,洞身沿南北向节理发育,故洞顶出现有石钟乳及钙化质松散物,次生方解石较多。洞口地形标高较高,洞长 40.0 m,洞宽 1.0~5.0 m,洞高 1.5~5.0 m。

(4)洞外岩溶极发育,西侧有像"象"的天然景物,内有"小象"更为生动,更似"象"。

(四)烟霞洞—水乐洞

(1)出现多处大回头弯,这是山区道路的特征之一。

(2)该段可见到坡积层边缘失稳、滑塌现象,如有的挡土墙张裂,或在局部地段坡脚处滑塌面上树木呈"马刀"状。

(3) 在第二个大回头弯往前,出露地层为泥盆系上统珠藏坞组($D_3^2z$)长石石英砂岩和紫红色砂页岩,地层倾向顺坡向,故在该地层分布区公路路线附近残坡积层出现失稳或滑塌应该与该地层顺坡向有关。

(4) 近水乐洞的路上可见到规模较大的边坡支挡和加固措施(喷锚支护)。

(五) 水乐洞

(1) 水乐洞洞口标高比烟霞洞低,位于南高峰南坡,出露地层为石炭系上统黄龙组($C_2h$)灰岩。其为巨厚层灰岩,灰岩质地较纯,地层倾向南高峰,洞体处在南高峰向斜的南东翼。

(2) 洞内有一厅,有两个洞口,主洞近东西向,呈葫芦形,洞壁、洞顶有石钟乳及少量石笋出现,洞长 80.0 m,洞宽 2.0～4.0 m,洞高 1.0～1.5 m,该溶洞仍在发育。洞内地下暗河自西向东流动,流量较丰富,终年不枯,水质良好。

(六) 水乐洞—石屋洞(山谷线)

(1) 沿线应注意山谷排水沟的设置,可双面排水或单面排水。

(2) 石屋洞洞口低于水乐洞、烟霞洞,位于满觉陇路旁,出露地层为石炭系上统船山组($C_3c$)灰岩地层,岩层产状倾向北西。

纵观该路线上出现的三个天然溶洞,除水乐洞为石炭系上统黄龙组($C_2h$)灰岩外,其他均为石炭系上统船山组($C_3c$)灰岩地层。三个天然溶洞洞口的高低不同说明该地区在地质历史上地壳升降运动明显,各洞内岩溶发育情况明显不同。

# 第四章　杭州地区有关的地质、水文地质点概述

虽然前面几条线路介绍了杭州地质教学实习区内一部分地质点和线的内容,但由于杭州地区出露的地层和岩石种类较多,地质构造殊为复杂,各类地质现象俱存,有些地段还存在与工程建设有关的地质灾害。为了让同学们更多地认识和了解杭州地区地质现象和地质内容,增加与工程建设有关的地质灾害方面的知识,下面着重介绍一些教学实习线路以外的有关地质、工程地质和水文地质方面的现象和内容。

## 第一节　杭州泉水

泉,是地下水的天然露头。地下水只要在地形、地质、水文地质条件适当的地方,都可以以泉水的形式涌出地表(图 2-4-1)。因此,泉水常常是地下水的重要排泄方式之一。

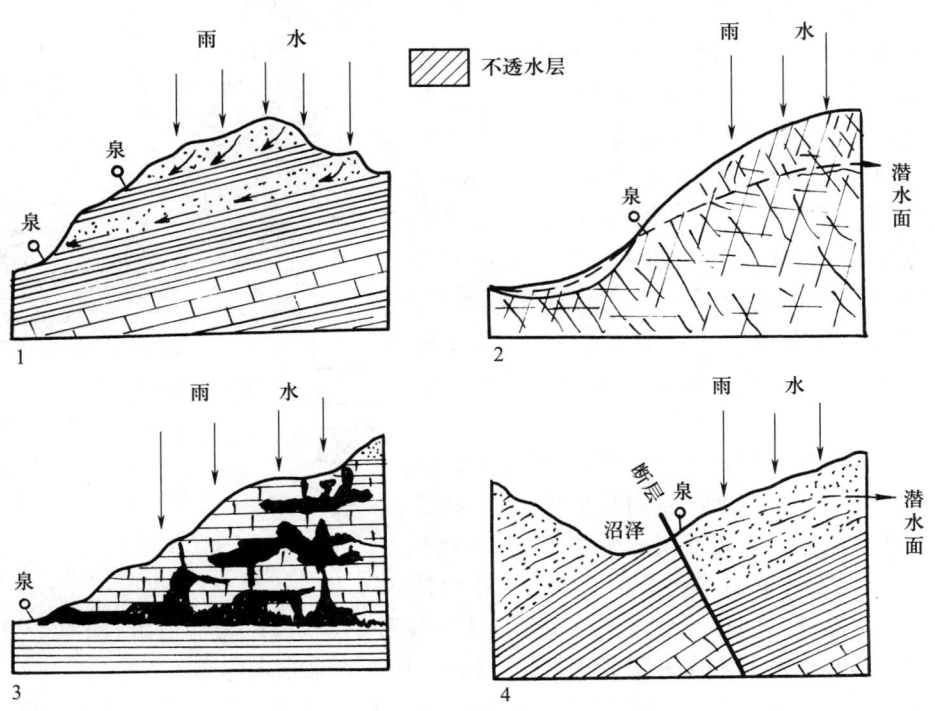

1. 在透水层和不透水层相间的情况下;2. 在节理发育的岩浆岩地层中;
3. 在可溶性石灰岩地层中;4. 在断层破裂带上

图 2-4-1　泉形成的几种情况

杭州的泉水主要有三种类型：第一种类型是基岩裂隙水出露地表而形成的泉，以虎跑泉为代表，主要分布在西湖群山中由砂岩和火山岩组成的山岭中；第二种类型是岩溶泉（喀斯特泉），以龙井泉、冷泉为代表，主要分布在石灰岩地区；第三种类型是第四系松散沉积层中的孔隙泉，以玉泉为代表，主要分布在山麓前沿冲洪积扇的下部地带。

### 一、虎跑泉

虎跑泉，水清味甜，名冠杭州诸泉之首，素有"天下第三泉"之称。该泉位于杭州西南白鹤峰下，遥对玉皇山。因有清泉的存在，特建了虎跑寺。寺外群山环峙，寺内花卉繁茂，景色清幽。寺后石崖常年水珠欲滴，故称"滴翠崖"。崖下塑有一虎，形象逼真。泉水涌出处建成泉池，即为虎跑泉。

虎跑泉位于山间集水漏斗内，海拔50余米，虎跑泉附近的岩层是泥盆系西湖组（$D_3^1 x$）石英含砾砂岩。由于地质构造的影响，石英含砾砂岩发育有较多的节理，节理主要有三组：一组是与岩层层面近似平行的节理；一组是几乎垂直岩层层面的张节理；另一组是与岩层层面斜交的、延伸较长的节理。由于这三组节理的存在，使砂岩的透水性大大增加。

虎跑泉地处青龙山背斜南东翼，岩层向虎跑泉方向倾斜；西湖组（$D_3^1 x$）石英含砾砂岩层面倾向南东（岩层向虎跑泉方向倾斜），倾角45°左右。地下水顺着节理和岩层层面向下渗流，在虎跑寺位置出露于地表（图2-4-2）。另外，靠近虎跑泉的青龙山山体较高，由于褶皱关系，石英含砾砂岩层节理发育、透水性较好，接受降水补给的面积较大，因此，有更多的地下水顺着岩层层面的倾斜方向汇集到虎跑泉。加之青龙山的山岭上生长着茂盛的草木，使降水落到山坡上不会很快地在地表流失，有更多的机会渗入地下补给地下水。所以，即使长久不下雨，仍有丰足的地下水源源不断地供应着虎跑泉。

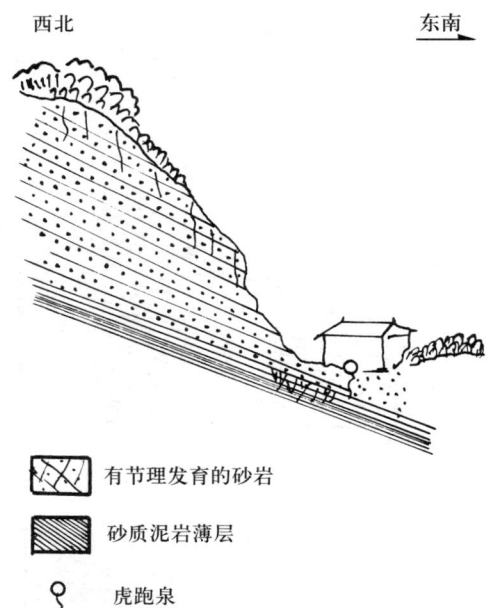

图2-4-2 虎跑泉和地质构造关系示意图

在虎跑泉附近砂岩层中有一断层，断层层面的走向与石英含砾砂岩层面的走向几乎相垂直，断层走向呈北西—南东向。在断层的延伸线上，因为岩层比较破碎，已发育成沟谷。这沟谷就是从虎跑公共汽车站到虎跑寺之间这一地段。断层是地下水储存的场所、运动的通道；同时，它所控制的沟谷，地势较低，地下水向这里富集补给虎跑泉，使虎跑泉泉水四季不绝。

另外，西湖组（$D_3^1 x$）石英含砾砂岩层中夹有砂质泥岩薄层。在虎跑泉附近地区的地下有砂质泥岩薄层存在，在这透水性不好的砂质泥岩薄层层面上，地下水便容易积蓄起来，顺着倾斜的层面渗流到虎跑泉。这也是形成虎跑泉的水文地质条件之一。

综合虎跑泉形成的地质、水文地质条件：该泉地处青龙山背斜南东翼，岩层向虎跑泉方向倾斜，同时又受虎跑泉附近的断层控制。裂隙水沿复杂的节理系统、岩层层面和虎跑泉附近的断层带往虎跑泉方向汇流,在断层陡壁下方沿着两个泉眼涌出地面。

虎跑泉泉水流量为 $43.2 \sim 86.4 \text{ m}^3/\text{d}(0.5 \sim 1.0 \text{ L/s})$,四季变化甚微。东边的泉眼称虎跑泉,西边的泉眼叫定惠泉,两泉相距 30.0 m。由于虎跑泉泉水是从难溶的石英含砾砂岩中渗流补给的,其水质极好,渗流补给带来的矿物质不多,水清可见底,水质为 $HCO_3 \cdot Cl—Na \cdot Ca \cdot Mg$ 型水,固形物 0.02 g/L,水的 pH 值为 5.7,总硬度为 0.334 德国度,总矿化度为 $0.02 \sim 0.15$ g/L,放射性氡气含量 $26 \sim 30$ 埃曼/L。甘美的虎跑泉泉水泡清香的龙井茶,爽口清凉,沁人心脾,被誉为"西湖双绝"。虎跑泉由于水质纯净,泉水表面张力较大(表面张力系数达 80.8 mN/m)。把泉水舀进杯中,再投镍币,水面高出杯口 $2 \sim 3$ mm 不外溢,将镍币轻轻平放在水面上也不会下沉。

## 二、定惠泉

定惠泉曾是杭州较佳的泉景之一,现已加井盖封闭,颇有必要恢复它的本来面目,供游客观赏。

## 三、龙井泉和冷泉

龙井泉,是裸露型岩溶水天然露头。它在岩溶泉中最享盛名,从三国时期就著称于世。龙井泉和冷泉都在石灰岩区。它的形成与石灰岩地区岩层特性密切相关。石灰岩发育有节理,节理被地下水溶蚀成溶洞,地下水在溶洞中流动。它们流动的方向虽然凌乱复杂,但是仍有自己的潜水面。在潜水面以上,地下水总的流动趋向为自上往下渗流,渗流路径比较曲折,并对石灰岩具有强烈的溶蚀作用。在潜水面以下,地下水对石灰岩的溶蚀能力随深度的增加渐渐减小,因为在潜水面之下,地下水的运动随深度的增加渐渐变得微弱,而原来溶蚀在地下水中的矿物质(其中以碳酸钙为主)便沉淀下来,潜水面以下的石灰岩受沉积作用的影响,有些裂缝被沉积物所填塞封闭。所以,潜水面以下与潜水面以上相比,大的溶洞要少得多。潜水面在石灰岩地区随地形的变化而变化,地下水在潜水面处对石灰岩溶蚀作用强烈,形成与潜水面平行的溶洞。地下水在地质、水文地质条件适当的地方从溶洞或从溶隙中流出,形成石灰岩地区的泉水,飞来峰下的冷泉就是这样形成的。水乐洞的泉水情况与冷泉相似,不同的是,水乐洞泉水在岩洞内的地下水似乎汇集不多,冷泉是向洞外涌出的,而且水量比水乐洞泉水水量大很多。

龙井是汇集石灰岩节理和溶洞中的地下水而成的,它的形成还与褶皱、断层有关。龙井泉水流量稳定,大旱不干,这是因为其补给很充足。

在青龙山背斜和天马山背斜间是南高峰向斜。龙井泉水点就位于向斜的北西翼上,近向斜核心部位。南高峰向斜是个倾伏向斜,它的枢纽是向北东方向倾伏的。这样,在向斜北西翼的岩层是向南东方向倾斜的;在南西方向,是向斜枢纽向上仰起的地方,岩层在这里封闭,龙井就位于这两面岩层倾斜所指的地方(图 2-4-3)。岩层层面上渗流过来的地下水,都向龙井汇集,这样,龙井便有了更宽广的地下水来源。

龙井地质位置的优越性,除上述原因外,还因它位于一条北东走向的断层破裂带上。这个断层就发生在自下龙井到上龙井的小山岭上,在翁家山的西北麓。在这两山之间低下去的岭,就是由于岩石破碎和遭受后期风化、侵蚀而形成的。由于这条断层破碎带的存在,更有利于地下水的汇集和运动,这也是龙井地下水的重要补给来源。

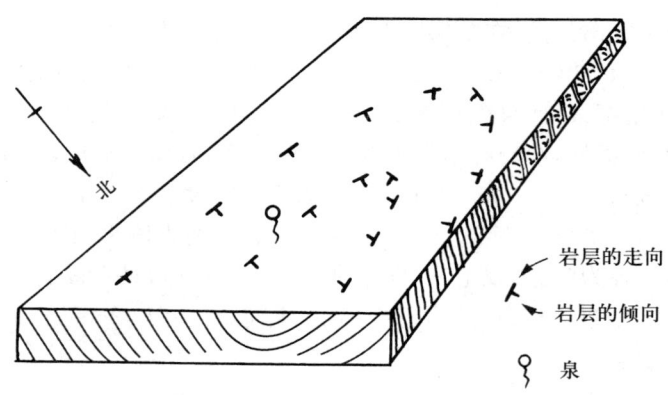

图 2-4-3　龙井的地质位置示意图

在龙井的底部或边缘的岩石上,人们常可看到一些豆状小颗粒堆叠成很不规则的灰白色小堆,有的小堆外面被藻类植物包裹起来。这些就是地下水在泉水出露处的沉积物质,称为"石灰华"(或称"钙华"),地下水渗出地表以后,压力降低,温度也有变化,在这种条件下,溶解在地下水中的碳酸钙就在泉水旁适当地段沉积下来,形成石灰华。石灰华未被藻类植物包裹起来时,它的颜色呈灰白色,石灰华是石灰岩地区泉水的一大特征。在虎跑泉内是找不到石灰华的。如果从一口泉水中找到了石灰华,就证明这里的地下水中含有碳酸钙成分。

由于龙井泉位于南高峰向斜翘起端,石灰岩倾向北东,与地形坡向一致。同时泉周围受断层影响,裂隙纵横发育,并与石灰岩层面相互沟通,构成岩溶水向龙井泉径流的良好通道。另外,在泉的西、西南为高大的山岭,集水面积大,可为龙井泉提供丰富的补给水源。在上述地质、地貌条件协调配置下,龙井泉水便在九溪沟和龙弘洞之间的垭口北侧出露地表,永不枯竭。

龙井泉流量为 43.2～86.4 $m^3/d$(0.5～1.0 $L/s$)。水质为 $HCO_3$—$Ca$ 型水,总矿化度为 0.26 $g/L$,总硬度为 13.7 德国度。

在杭州西湖群山中,石灰岩地区所形成的岩溶泉(又称喀斯特泉),不仅与岩石节理有关,而且与岩石易溶性有关。因此,这种泉水和虎跑泉、白沙泉水等裂隙泉有明显不同。其一,因为泉水中常含有较多的重碳酸钙成分,所以龙井泉水的总矿化度要比虎跑泉泉水稍高;其二,泉水出露的地方,常见有大小不同的石灰岩洞穴,如水乐洞泉旁有水乐洞,冷泉旁有龙泓洞等。

### 四、玉泉

玉泉,不仅水色明净,而且水量也大,据钻孔资料估算,玉泉的出水量达 500 $m^3/d$,它除了供应玉泉游泳池水外,还供应附近一部分居民饮用水。

玉泉与虎跑泉、龙井、冷泉都不同,此泉是在第四系松散砂层孔隙中的地下水出露地表而成的,称为"孔隙泉"。

玉泉位于北高峰—老和山一带山岭的东南麓。自狮峰、天竺峰、北高峰一带奔流而下的溪流,在暴雨季节自山上携带来较多的砂、砾石,当山谷溪流奔出山口转入平地时,由于流速突然减慢,大量砂石便堆积下来,在河谷出口处形成一个个扇状的砂砾石堆积体,称为洪积扇。玉泉就坐落在洪积扇的下部,它的旁侧紧靠着玉泉山(图 2-4-4)。

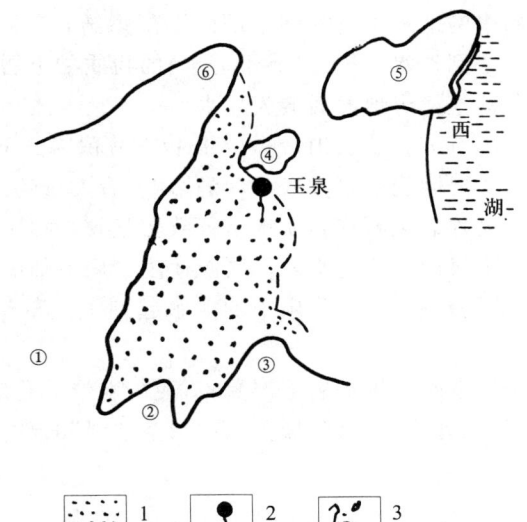

1. 洪积扇；2. 泉；3. 山体轮廓
① 北高峰；② 飞来峰；③ 天马山；④ 玉泉山；⑤ 宝石山；⑥ 老和山

(a) 平面图

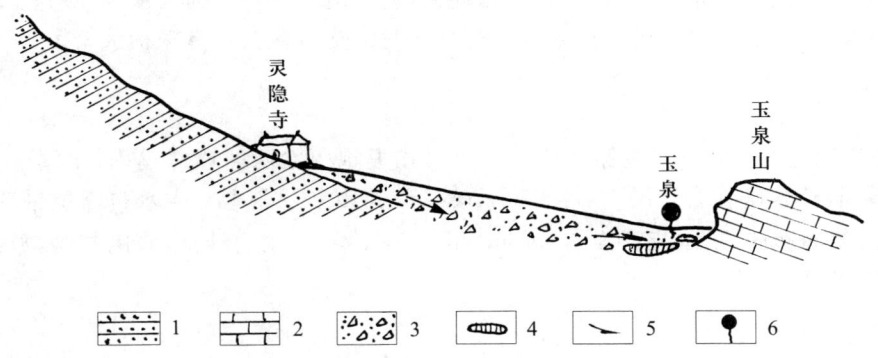

1. 砂岩；2. 硅化石灰岩；3. 洪积扇沉积物；
4. 黏土透镜体；5. 地下水流动的方向；6. 泉

(b) 剖面图

图 2-4-4　玉泉形成示意图

洪积扇的地面是自谷口的顶部向下部倾斜的。如果由玉泉步行或骑自行车去灵隐寺时，会明显感觉到地面逐渐在升高。由于搬运路途不远，洪积扇的组成物质主要是呈棱角状大小不一的砾石和粗砂，胶结较差，很松散，孔隙很多，极易透水。当地下水往洪积扇中渗入，遇到下伏的基岩时，由于基岩的透水性相对较差而成为隔水层，于是地下水就在洪积扇砂砾石层孔隙中储蓄起来，使洪积扇砂砾石层含有比较丰富的地下水而成为含水层。在洪积扇倾斜地表的影响下，潜水面也是倾斜的。根据实测资料，在九里松附近的潜水面要比玉泉处高出 3.0 m 左右。所以地下水便从含水层中渗流到玉泉。

组成洪积扇的砂砾石并不都是一样大小，溪流出山口后，砂砾石的堆积，仍然具有分选作用：自洪积扇上部到洪积扇中、下部，组成物质的颗粒由大变小。在洪积扇的中、下部，地层剖面中常常可见到透镜状的粉质黏土层和黏土层，它们是透水性很差的隔水层，可起到拦蓄地下水的作用。洪积扇中的地下水自它的上部向下部渗透，到达下部时由于细小物质增多，渗流速度逐渐减缓；当遇到透水性极差（或不透水）的粉质黏土层、黏土层时，潜水便被拦蓄起来，潜水位迅速抬高，甚至露出地面而成为泉水。

玉泉的出露还与玉泉山有关。玉泉山恰巧位于上述洪积扇的下部，其组成的岩石是轻微变质的石灰岩。这种石灰岩因受岩浆侵入活动的影响，有大量的二氧化硅渗入使其硅化，改变了原来岩石的性质。这种硅化石灰岩质地十分致密坚硬，而且也很难被地下水所溶蚀，所以形成不透水的岩石。玉泉山的不透水岩石同上述洪积扇下部的透镜状粉质黏土层或黏土层一样，是透水性很差的隔水层，对洪积扇中的潜水起到了拦蓄作用，使潜水位迅速抬高而露出地面，成为泉水。

由于玉泉是洪积扇中地下水在洪积扇下部受阻，使得水位上升出露地表而形成的，所以泉水在这一带常成片出露，处处涌水，泉眼极多，有"晴空细雨"的雅称。

### 五、白沙泉

宝石山西北坡黄龙洞一带的泉水（如白沙泉），它们的形成与虎跑泉类似，也是与岩石裂隙构造密切相关。根据地质资料，这一带泉水的形成与火山岩节理和断层有关。自栖霞岭到黄龙洞一带，发育有北东—南西走向的断层。宝石山葛岭一带的泉水，沿着这个断层走向断续出露地表，例如实习路线上自岳王庙至紫云洞山路边存在一串珠状水塘。

### 六、珍珠泉

珍珠泉原是杭州较著名的泉景之一。该泉在虎跑山之西的珍珠坞内，出露于泥盆系西湖组（$D_3^1x$）石英含砾砂岩地层中，位于梯云岭—红庙山断层带上。泉水自断层带深部上涌，连续冒泡，如同珍珠，泉水流量为 44.06 m³/d（0.51 L/s）。水质纯洁，清洌甘美，放射性氡气含量 34 埃曼/L。

## 第二节 岩溶洞壑

岩溶洞穴，主要是地下水循节理、断层带、各类接触带等对可溶性石灰岩进行化学溶蚀和机械侵蚀的结果。岩溶洞穴的形成，与岩性关系密切。例如，石炭系（C）石灰岩质纯、性脆，非溶物质含量低，易受溶蚀，往往形成规模较大的水平状洞穴，如蝙蝠洞、烟霞洞、水乐洞、玉乳洞和呼猿洞等。二叠系（P）石灰岩，由于富含燧石且具硅质灰岩、泥质灰岩互层，岩溶发育较石炭系灰岩弱，一般生成小型溶洞和溶沟、石芽等形态。如吴山石芽，发育较为典型，从外表上看又像十二生肖的动物，故称"十二生肖石"。此外，地质构造，尤其是断层，可直接影响或控制岩溶洞穴发育、展布及其发展趋势。在杭州地区的 NE,NNE 向断层组，规模大，发育深，影响带宽，往往成为地下水深循环的良好通道，为岩溶，特别是大、中型岩溶洞穴的形成、发展创造了有利条件。NW,NNW 以及其他方向断层组、节理或层面等常控制中、小型洞穴展布格局。另外，新构造运动间歇性的抬升，造成岩溶洞穴空间分布上具有成层性特征。尤其是大、中型水平状溶洞，其成层性更为明显，在基准面以上大致分为三层：即海拔 160.0～180.0 m（千人洞、烟霞洞、紫来洞等），海拔 80.0～90.0 m（水乐洞）和海拔

40.0~60.0 m(玉乳洞、蝙蝠洞等)。杭州地区溶洞以紫来洞、烟霞洞、水乐洞、千人洞、玉乳洞等最为著名。

## 一、岩溶发育的规律

在西湖群山由石灰岩组成的山体中,发育有众多奇幻多变的石灰岩溶洞,例如南高峰的水乐洞、烟霞洞,飞来峰的玉乳洞,玉皇山的紫来洞等,都显得非常精巧玲珑。这些石灰岩溶洞是怎样生成的呢?岩溶发育必须具有以下四个基本条件。

(1) 岩石的可溶性。
(2) 岩石的透水性(裂隙发育程度)。
(3) 水的流动性。
(4) 水的侵蚀性(加速岩溶的发育)。

水具有溶解其他物质的能力,尤其是对那些易溶的物质。在各种矿物中,石英很难被溶解,甚至不溶解于水。石灰岩的成分主要是碳酸钙,比较容易被水溶解。

当水中含有 $CO_2$ 时,可加速岩溶的发育。试验证明,1 L 不含 $CO_2$ 的净水只能溶解 0.1 g 的碳酸钙,但同容积的水里 $CO_2$ 的含量达到饱和时,就能溶解 0.2~0.3 g 的 $CaCO_3$。在自然界中完全不含 $CO_2$ 的水是没有的,在空气中除氮和氧外,还有一部分 $CO_2$ 和其他物质。当水蒸气上升到高空冷却凝结成小水滴时,空气中的尘埃、矿物质微粒和一些气体(包括 $CO_2$)同时进入水滴中。地面附近的 $CO_2$ 含量要比高空中多得多,降落到地面以后的水中或多或少总是带有一定含量的 $CO_2$。据计算,每 1 L 雨水中就含有 1.5~4.7 $cm^3$ 的 $CO_2$。$CO_2$ 在雨水中是以碳酸形式存在的,其含量虽有限,却大大地增大了矿物质的溶解度,这样的水就能加速溶解石灰岩。

地面流水和渗入地下的地下水,对易溶类岩石(如石灰岩、石膏层和岩盐层等称为"可溶性岩石")进行溶解并将溶解物搬走,称为水的"溶蚀作用"。

当石灰岩出露于地表时,它的表面或多或少总有一些高低不平。尤其是受地质构造影响强烈的地区,地表裂隙发育。含有 $CO_2$ 的雨水落到石灰岩表面时,雨水便集中到地表凹陷处或裂隙发育处。地表凹陷处或裂隙发育处在长期的雨水冲刷和溶蚀作用下,最后在石灰岩的表面就出现了许多小沟和落水洞(图 2-4-5),把石灰岩切割成凹凸不平的很奇异的形状,形成独特的景观。

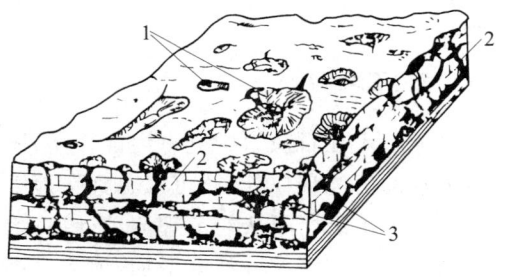

1. 落水洞;2. 石灰井;3. 溶洞

图 2-4-5　石灰岩地区在地下水溶蚀下的地面和地下的形状

石灰岩内部奇特的岩洞又是怎样生成的呢?

石灰岩是成层的沉积岩,具有层面,其次,它还发育有许多节理和断层。地表水顺着层面或裂缝渗透到地表以下,成为地下水。地下水在石灰岩层面和节理中流动时,进行着强烈的溶蚀作用,使层面或节理之间的空隙渐渐扩大,最后形成了许多水平的、竖直的、斜着的和其他各种形状的岩洞(图 2-4-5)。

飞来峰东北部的许多岩洞的发育方向几乎都是水平的,尤其是玉乳洞,洞的底面和顶面几乎是水平而且互相平行的(当然,局部洞底是经过人工加工的)。原来,飞来峰向斜的比较开阔的核心部位就在这里,岩层倾斜的角度很小,几乎呈水平状态。所以地下水就沿着这几乎水平的层面进行溶蚀。更主要的原因是,地下水面曾在这一高度停留相当长一段时期,地下水在这一位置作水平方向活动,对石灰岩进行溶蚀形成水平方向的溶洞。

在飞来峰的蜂窝般的石灰岩溶洞中还有垂直向的溶洞,它的形成与节理有关。此处岩石中有三组不同方向的节理,第一组是南北向的节理,第二组是东西向的节理,第三组是北西—南东向的节理。其中尤以第一组近南北向的节理最为发育。三组节理互相交错切割着石灰岩岩层,地下水沿着节理,尤其是两组节理的交汇处,进行溶蚀,就造成竖直的岩洞。这种竖直的岩洞叫做"石灰井"(或称天窗)。飞来峰的"一线天"就是石灰井的雏形,南高峰的千人洞,玉皇山的紫来洞,都有发育比较良好的石灰井。

## 二、烟霞洞、水乐洞

烟霞洞、水乐洞位于南高峰东南坡的满觉陇。满觉陇素以金桂、银桂而著名,每逢桂花盛开季节,黄白一片,香飘十里,被誉为"金雪世界"。烟霞洞位于水乐洞上方,二者都发育于石炭系石灰岩中,洞底平坦,洞形简单平直。

烟霞洞,洞口朝南,洞身沿南北向断层发育,仰望洞顶可见断层痕迹。洞长 40.0 m,洞宽 1.5 m,洞高 1.5~5.0 m。

水乐洞,有两个洞口,洞内合为一厅,厅后即是主洞。洞体走向近东西,洞长 80.0 m,洞宽 2.0~4.0 m,洞高 1.0~2.5 m。洞内地下水自西往东流,流量较丰富,终年不涸,水质良好,已成为当地居民和旅游点的生活用水水源。洞内地下暗河上铺石板,游客行之其上,可观赏洞景和欣赏流水淙淙作响,给人以"不见琴弦,只闻琴音"之感。

烟霞洞、水乐洞的形成和石灰岩的裂隙有关。因为由石屋洞到水乐洞,发育有一条近东西向延伸的断层。在断层穿越的地方节理发育。地下水在这个裂隙带部位集中,并且向地下渗漏,使节理逐渐被溶蚀扩大,溶洞也就形成了。"水乐洞"这个名字,恰到好处地反映了"水"与"洞"的关系。有了这股水,才会溶蚀出一个溶洞来;有了这个溶洞,水在洞中畅快奔流。

## 三、玉乳洞

地下水在石灰岩中既有溶蚀作用,同时也存在沉积作用。在石灰岩溶洞中,除了能看到地下水的溶蚀现象外,还可以看到在地下水作用下的沉积现象。

地下水沿着石灰岩节理流动,将可溶岩石中的碳酸钙成分溶于水中,随着水分减少或溶在水中的碳酸钙成分逐渐增加,地下水中所含碳酸钙的浓度增大后,碳酸钙就会慢慢沉淀下来。当地下水静止不动时,溶在水中的碳酸钙也会慢慢沉淀下来。由于岩石裂缝中的温度往往比裂缝外低,因此,裂缝中的压力也往往高于裂缝外;在通风方面,裂缝中也往往比裂缝外差,尤其是四通八达的石灰岩溶洞,通风条件与裂缝中相比相差更大;当地下水渗流到裂缝外时,由于以上各种条件的变化,水分慢慢蒸发,碳酸钙便沉淀下来。

飞来峰的玉乳洞,因洞的顶壁倒挂着琳琅满目的"玉乳"而得名,而这些"玉乳"又是怎样生成的呢?

溶解有碳酸钙成分的地下水具有较大的表面张力,当它从洞顶的一些裂缝内慢慢地渗流到裂缝出口时,虽然由于是凭空悬挂着,受地心吸力的作用向下滴,但是,它在微微张裂的裂缝出口处,具有较大的表面张力,因此它吸附在那里,很久都不落下,直到水量慢慢增加,重力超过了吸附能力时，水滴才滴下来。在每一滴水吸附在洞顶裂缝出口的这段时间里，水分蒸发了一部分，于是在裂缝出口处便有碳酸钙沉淀下来。年深日久，裂缝出口处的碳酸钙越积越多，慢慢地长大起来，向下伸长，形成大大小小的倒挂在洞顶的"玉乳"（图2-4-6）。因为它的形状既像"玉乳"，又像悬挂的钟，人们又称它为"石钟乳"。石钟乳根据溶洞洞顶裂缝的情况不同，有的在洞顶如乳状一个个孤立地悬挂着，有的由许多个石钟乳连成带状悬挂着。玉乳洞的"玉乳"，多成单个悬挂着。此特点，与这里石灰岩没有断层穿越而仅有几组方向不同的节理交叉有关。但在南高峰的水乐洞和烟霞洞，情况却不相同。那儿的洞顶，常有明显的与洞身延长方向一致的裂隙，裂隙延伸较长。所以那里的钟乳石就沿这组裂隙发育，呈带状分布，形状如龙。

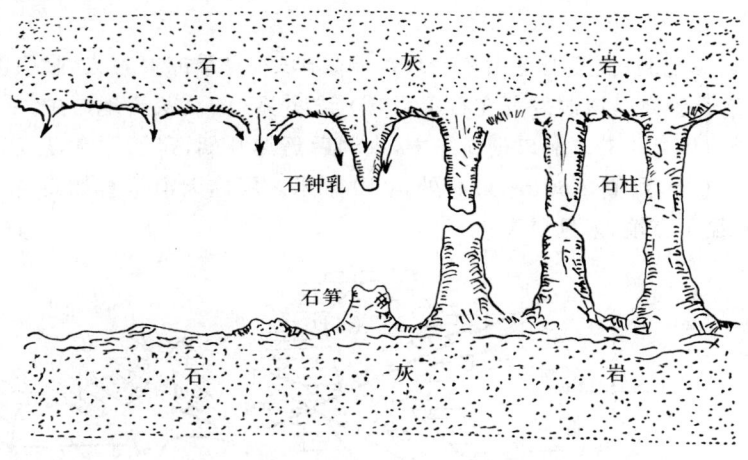

图 2-4-6　石钟乳、石笋和石柱的形成过程示意

还有从洞底地面生长起来像笋一样的石钟乳，称为"石笋"。洞顶裂缝出口处的水滴落到洞底地面上，在承受水滴的地面处，因为滴水的重力冲击，会形成一个小小的浅洼。浅洼中的水经过蒸发，一部分原来溶解在水中的碳酸钙在这静水中沉淀下来。洞顶的地下水不断滴下，浅洼中的碳酸钙也不断地沉淀、增厚，浅洼被填满，又慢慢地比四周地面高出一些。洞顶水滴落在这刚刚冒出地面的"笋尖"上，"笋"慢慢地向周围扩大，又慢慢地向上伸长。这样，在洞底地面上就生长起大大小小的"石笋"。

洞顶的石钟乳和洞底的石笋，一个向上、一个向下伸长着，随着时间的推移，往往会上下碰头合成一条，成为洞中的栋柱，称为"石柱"。石柱在石灰岩溶洞中确实起着栋柱的作用。许多石灰岩溶洞，或因受洞顶岩石的重压，或因节理太多，洞顶的岩块往往要向下塌陷。溶洞中生长有许多石柱，常常可以减少或避免溶洞塌陷的危险。

将石钟乳、石笋或石柱打断，在断面上常常可以清楚地看到里面一圈一圈的同心圆状，这说明了它们是从内向外扩大生长起来的。它们的外表也常有一环一环的形状，说明它们由短到长的生长过程（图2-4-7）。

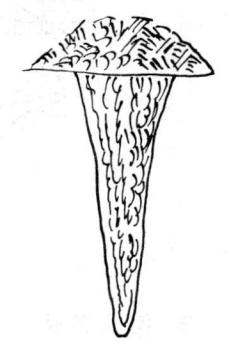

图 2-4-7　石钟乳和石笋的纵剖面

在玉乳洞中,石笋和石柱都没有很好地发育。同样,在水乐洞、烟霞洞等溶洞中也发育不好,只有在洞的两壁,见到一些石钟乳顺着洞壁延伸,成为依附在洞壁上不典型的"石柱"。而在灵山洞、瑶琳洞中,则发育有非常典型的石钟乳、石笋和石柱。

玉乳洞是个溶洞,它是地下水溶蚀作用的产物;玉乳洞的"玉乳",却又是地下水沉积作用的结果。地下水的溶蚀作用,使溶洞不断扩大;而地下水的沉积作用,又填塞了一些裂隙,并在溶洞中生长了石钟乳、石笋和石柱,使溶洞不断缩小。活跃在溶洞中的地下水流,由于它的溶蚀作用和沉积作用,就产生了引人入胜的石灰岩溶洞。"玉乳"与"洞"融为一体,就形成了完好的"玉乳洞"。

### 四、紫来洞

紫来洞,又名飞龙洞,位于玉皇山东南坡。洞景幽幻,夏季凉爽宜人,吸引游人流连忘返。洞外丛林莽莽,清秀雅致。该洞发育在石炭系(C)、二叠系(P)石灰岩地层中,受北东向断层控制,洞长约 80.0 m(图 2-4-8)。洞口朝向东方,入洞后豁然开朗,宛如厅堂,厅底平坦且呈阶梯状,厅宽 10.0~20.0 m,厅高 2.60 m,最高处达 10 余米。厅内天窗笔直如筒,抬头仰望烈日当空。厅后暗洞被黏土充填,未见尽头。

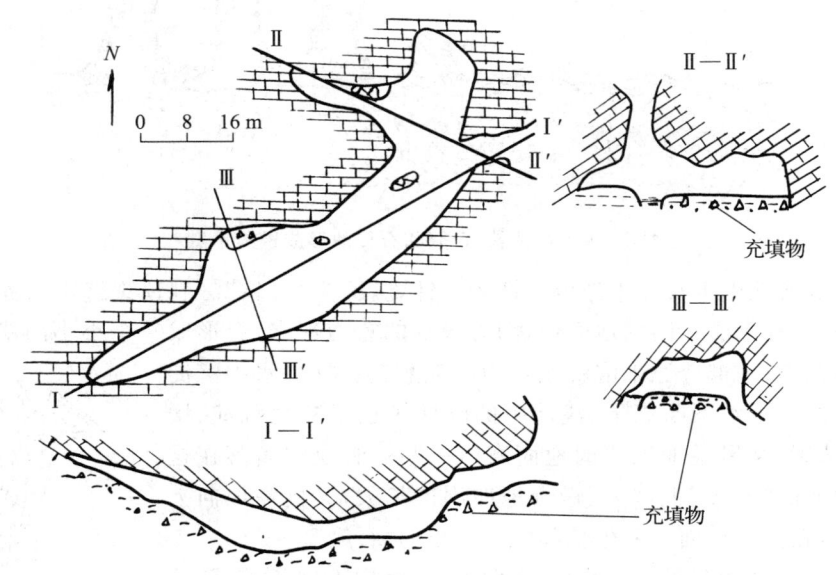

图 2-4-8 杭州玉皇山紫来洞形态平面、剖面图

### 五、栖霞洞景

在林木葱茏的栖霞岭上,分布有景色绝妙的五大名洞,即黄龙洞、金鼓洞、紫云洞、卧云洞和蝙蝠洞,组成"栖霞洞景"。诸洞中,以紫云洞最为宏伟壮观,洞身主体长约 80.0 m,黄龙洞、金鼓洞系人类活动的结果,这三洞几乎位于同一条直线上,洞形平直简单,走向为 NE35°~45°,洞顶平整如板且向南东倾斜,倾角为 35°~40°。

紫云洞外形奇丽宏伟,为长廊状,呈北东—南西方向延伸。洞分前、后两段,中间如栉,只容一人进出;前、后两段,豁然若堂。

紫云洞不同于上面所说的几个石灰岩溶洞,它附近的岩石并不是石灰岩,而是火山岩。火山岩不像石灰岩那样具有可溶性,而是非可溶性岩石。那为什么也会形成如此宏伟的岩洞呢?

沿栖霞岭一线,发育有一条具一定规模的北东—南西走向的断层,在断层两侧受断层影响节理发育,将这里的火山岩被切割成许多岩块。在重力作用下,岩块顺着裂隙发生崩塌,形成大大小小的岩洞。栖霞岭上,除紫云洞外,还有栖霞洞、蝙蝠洞、金鼓洞和黄龙洞。它们几乎都是断续地分布在这一断层带上,而且各个岩洞都呈狭长形,直而不折,延伸方向与这个断层也一致。在洞壁上还常可以看到断层擦痕。这些都说明栖霞岭五洞的形成是受断层破裂带控制的,其中以紫云洞最为明显(图2-4-9)。

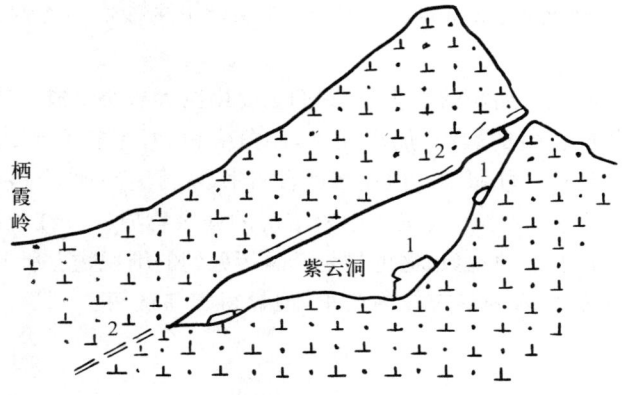

[⊥·⊥] 火山岩　　1.崩落的岩块　　2.岩石的裂隙

图 2-4-9　紫云洞横断面示意图

栖霞岭一线断层附近的岩性也控制着岩洞的发育,岩洞洞体主要是循火山碎屑岩层面发育的,受沉积岩夹层控制。在栖霞岭一带,火山碎屑岩夹1~2层沉凝灰岩夹凝灰质粉砂岩,单层厚5.0~10.0 m。上述三洞的走向、倾向、倾角完全与这类软弱夹层的产状相吻合。受断层破裂带的影响,经风化作用、流水作用循松软的沉凝灰岩夹凝灰质粉砂岩夹层进行剥蚀、侵蚀和浸泡软化,其碎屑物质被水流搬运带走而淘空,逐渐刻凿出倾斜状深槽。深槽顶板为坚硬的火山碎屑岩,并发育有北东东、北北西或北西向节理,大大降低了顶板的稳定性,在重力作用下,巨石崩落,岩洞初具规模。岩洞发育的过程由浅入深、由小到大地向纵深方向发育和扩展。然而岩洞并非无止境地发展下去,因为随着深度的增加,节理趋于减少或呈闭合状,风化作用、流水侵蚀和水的循环交替作用亦随之变弱,岩洞发育到一定深度时,趋于最终定型和处于相对平衡状态。基于上述,今日的绝妙洞府,是由两类不同的岩性在漫长的地质历史时期剥蚀、侵蚀的结果,像这种成因的岩洞,称为崩坍岩洞。

从岩洞形成的原因来看,紫云洞与玉乳洞、水乐洞有着本质的差异。前者主要是由重力崩塌而引起的;后者主要是由地下水的溶蚀作用而形成的。根据成因不同,西湖群山中无数奇幻的岩洞,可分为两类。第一类为崩塌岩洞,它主要发育在非可溶性岩地区的一些断层破裂带上,重力崩塌是其主要动力因素,此类岩洞只见于栖霞岭、宝石山、葛岭一带,以紫云洞为代表。第二类为溶蚀岩洞,主要发育在可溶性岩石地区,地下水的溶蚀作用是其主要动力因素,此类岩洞广泛见于杭州地区石灰岩峰岭中,以玉乳洞、紫来洞为代表。由于

紫云洞是崩塌而成,反映在形态特点上,与溶蚀而成的石灰岩洞有明显的差别,主要表现在下列三个方面:

首先,岩洞长而直,且作急倾斜状。栖霞岭一带岩洞都作北东—南西向伸长,而且,岩洞的顶壁和底壁都作东南倾斜,倾角为45°~55°。这样的一致性,并非偶然。实际上,这就是栖霞岭断层产状的表现。岩洞作急倾斜状,除受断层影响外,崩塌作用也会产生陡峭的洞壁。如紫云洞延长近百米也不曲折,洞壁陡峭,洞壁岩石中的矿物成分清晰可见,崩塌后受节理方向控制,洞体呈凹凸不平状并向南东方向急倾斜,使洞底有深不可测的感觉。黄龙洞和蝙蝠洞也是如此。至于金鼓洞,乃是人们沿着断层带岩石破裂面开凿扩大而成的,所以,上述形状特点不明显。溶蚀岩洞则不同,常是洞壁光滑、洞体曲折多变的。

其次,岩洞洞壁平整如板,常可见断层擦痕,在洞壁上不像溶蚀岩洞,有千姿百态的石钟乳装饰,形同浮雕。

再次,岩洞底部常有洞穴崩塌的堆积物,它们主要由巨大岩块组成。这些岩块就是沿洞顶壁裂隙面(大多是和断层伴生的裂隙)崩塌而来,棱角尖锐,常呈长方形或板状,也未被胶结。在紫云洞洞底,常可见到这些堆积物。但在溶蚀岩洞中,常可见到地下暗河的沙砾堆积。随着溶洞扩大,崩塌堆积物也有,多半为石灰岩中未溶解的残余物质——红色或褐色的黏土,以及钙质胶结物,其中岩块常有溶蚀现象,这也与紫云洞所见到的堆积物有所差别。

可见,紫云洞这类崩塌岩洞形态较为简单,但显得宏伟瑰丽。

## 第三节　飞来峰

飞来峰又名灵鹫峰,它与灵隐寺相互衬托,久享盛名。飞来峰绿树成荫,根深叶茂,状如椭球体。长轴800.0 m,呈NE50°方向展布,宽占长轴半数。海拔168.0 m,属岩溶低丘地形。山顶浑圆,东南、西南山坡平缓;东北、西北坡峻峭。在飞来峰西北、西南和东南三面分布有北高峰、美人峰、天竺山、天马山等高山峻岭。飞来峰与外围山岭之间,为溪涧或平缓坡麓地形,呈环状紧紧裹着飞来峰。把飞来峰与外围山岭分割开来,形成"峰外有溪,溪外有山"的奇特景观。在这种地形环境下,飞来峰显得瘦削突兀,给人以"飞来"之感。

飞来峰之所以令人感到与众不同,主要原因就在于它的岩石与周围山峰不同。飞来峰是由石灰岩构成的。它四周的山峰如北高峰、天竺山、狮子峰和天马山却都是由砂岩构成的。从外貌上看,周围山峰高峻庞大,轮廓简单,而中间的飞来峰,却低矮瘦小,而且岩石裸露,又有许多奇突的岩洞,具有独特的风格。

从公园草坪上望飞来峰,那里的石灰岩虽然长期受着地表水和地下水的侵蚀、破坏,但还可以清楚地看到它是一层一层地向下弯曲着,这就是飞来峰向斜。两旁的岩层都向着向斜核部倾斜,不过,南东翼岩层较北西翼岩层倾角稍大些。可见,飞来峰向斜为一两翼倾角不对称的向斜构造(倾角和翼见图2-4-10)。

飞来峰处在向斜核部,由船山灰岩和少量黄龙灰岩组成。石灰岩遭受强烈溶蚀,酷似一块"浮石"内有千孔百洞。非常著名的有一线天、通天洞、玉乳洞、老虎洞等。玉乳洞、老虎洞同属一个水平状岩溶洞穴。老虎洞在上侧,玉乳洞属下方,走向NW320°,皆受石灰岩层面控制。洞底平坦,往北东方向倾斜。洞顶不平,倒垂石钟乳,"玉乳洞"之名便由此而来。洞

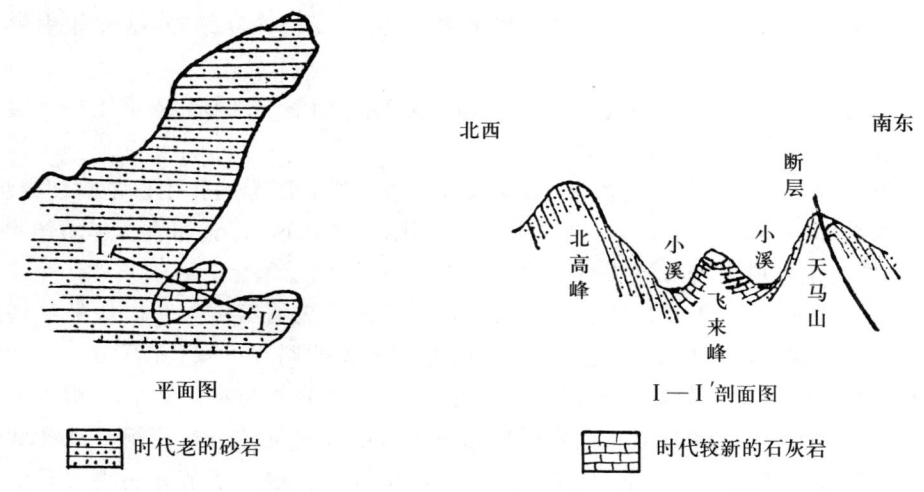

图 2-4-10 飞来峰向斜层构造示意图

宽 10.0 m 左右,洞高 1.0~3.0 m,呈扁平状厅堂形态。厅堂之间,由 NW300°~320°方向的狭窄甚至通天或低矮的廊道贯通,迂回曲折,洞中有洞。一线天沿着 NW305°方向节理发育,顶宽不足 0.5 m,洞高 7.0 m。仰望洞顶,经溶蚀扩大的节理面射入一线天光,即"一线天"的来历。通天洞,受北西 300°及北东 25°两组节理控制,在节理交汇处崩坍与天相通,洞高约 13.0 m。飞来峰外围的山岭处在飞来峰向斜翼部位置,由泥盆系石英砂岩、石英含砾砂岩组成。因砂岩抗蚀力强,形成高山丘陵地形,山峰险峻,山坡陡峭。在飞来峰与外围山岭之间地区,分布泥盆系珠藏坞组($D_3^2z$)砂岩、泥岩地层,岩性松软。同时又受北东及北西向断层切割。经风化作用与流水作用循这一薄弱地带剥蚀、侵蚀而形成低凹地形,把飞来峰与外围的山岭分离开。于是飞来峰孤立无靠,形似飞来。飞来峰的塑造,系组成向斜的不同岩性在漫长的地质历史时期差异侵蚀的结果,并非飞来的。

飞来峰北坡岩石壁上 338 尊栩栩如生的石刻造像,与原有的自然景色互为补充,相得益彰,为飞来峰和灵隐寺增辉添色。这些石窟艺术都是五代至元朝留下的雕刻艺术瑰宝。其中笑逐颜开的弥勒佛石像,生动逼真,是宋代的作品,独特的风格可称艺术上的杰作。飞来峰石窟造像足以说明古代劳动人民对于刻凿石像的岩石的选择具有丰富的经验。石像雕刻的取材也与众不同,飞来峰石像均雕凿在石炭系石灰岩表面。这类岩石多呈厚层、块状、细晶或微晶,结构致密,岩性均一,硬度低。石炭系石灰岩刻凿条件好,容易雕成完整的石像,保存时间又长,而且越磨越光滑。杭州其他地方的石刻造像,皆雕在此类石灰岩表面。二叠系石灰岩,因含有大量燧石结核,且夹非灰岩薄层,所以雕不成完整的石像。

## 第四节 宝石山的球状风化与"宝石"

### 一、宝石山上的球状风化

登上宝石山顶,可见到那只有一小部分被下面的岩石顶托住的摇摇欲坠的米粒石,这是风化作用的结果。

岩石在大气和水的作用下，发生物理和化学的变化，变得松软细碎，这种作用就是风化作用。

崭新的粉墙几年后就变得黑迹斑斑，古代的建筑物（如塔）会倒坍，石碑上的字迹会越来越模糊，这些都是风化作用所造成的。

风化作用按性质不同可分为两种：如果大气和水对岩石所起的作用仅是物理变化，大块岩石变成的细碎物和原来的岩石在性质上没有变化，叫做物理风化；如果所起的作用是化学变化，所产生的是与原来岩石性质不同的新物质，那就是化学风化。

宝石山顶的圆石头，主要是紫红色流纹质含碧玉团块玻屑熔结凝灰岩块经物理风化作用中的热胀冷缩作用而形成的。通过对宝石山的节理裂隙调查可知，宝石山上的紫红色流纹质含碧玉团块玻屑熔结凝灰岩发育有良好的节理，节理发育方向主要有三组。第一组节理是北东—南西方向延伸的；第二组节理是北西—南东方向延伸。这两组节理产状都近于直立。第三组节理产状近乎水平，且向东南方向微微倾斜。这三组节理便将宝石山上的熔结凝灰岩切割成如同豆腐块一样。这些大小不一的岩块，千万年来，白天在强烈的阳光照射下，岩块表面很快地吸热，由于热胀岩块表面体积也突然增大；而在岩块的内部，因为要等岩块表面将吸来的热量传进来给它，它增加温度膨胀体积的时间，就比岩块表面慢得多；当岩块表面受热向外膨胀时，岩块内部却膨胀得很少。夜晚情况恰恰与白天相反，当岩块表面冷却向内收缩时，岩块内部还保有着从岩块表面传进来的热量，因此与岩块表面相反，反而向外膨胀。由于岩块的表面与内部热胀冷缩的不一致，时间长了自然就可以使岩块产生最初肉眼几乎看不见的裂缝，继而裂缝扩大，最后岩块就像剥洋葱一样地从外到内一层一层地剥落下来（图 2-4-11）。这种现象在宝石山的东南坡紫红色流纹质含碧玉团块玻屑熔结凝灰岩表面可以很清楚地看到。这里有许多薄薄的像瓦片般的石片，就是从熔结凝灰岩块表面剥落下来的。如果用铁锤在裂缝交错的岩块表面上轻轻一敲，就会有不大的多角状薄石片从岩块表面上掀起来。若出现这种现象，则证明这块岩石已经处在球状风化中。

岩块表面各部分剥落的机会应该是均等的吗？岩块的层层剥落为什么会使岩块变圆呢？

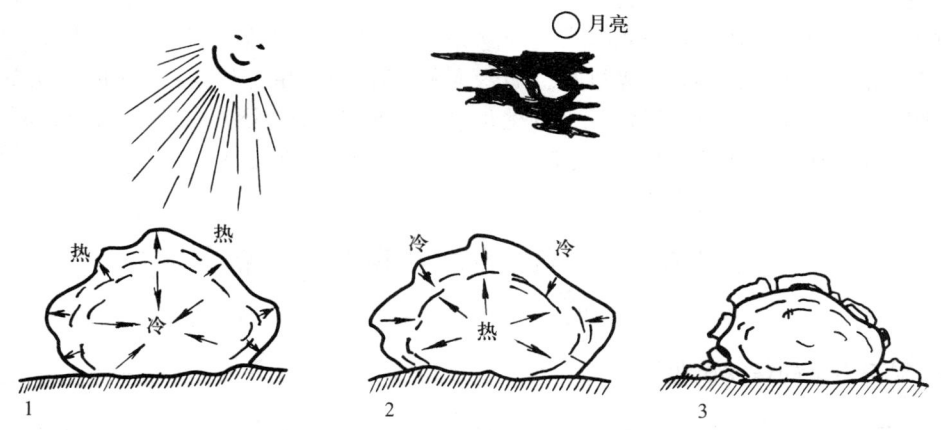

图 2-4-11　岩块由于内、外热胀冷缩的不一致而引起了层层剥落

为许多方向不同的节理所切开的岩块,外貌是不规则而多棱角的。岩块棱角的地方向外突出最多,与外界的大气和水接触的表面面积,要比那些比较平的地方的表面面积大得多。棱角的地方要比浑圆的地方风化得快。岩块表面各部分的剥落速度也不一样。有棱角的地方剥落比较快,慢慢地变成浑圆。到后来,多棱角的岩块便慢慢地成为圆形了(图2-4-12)。

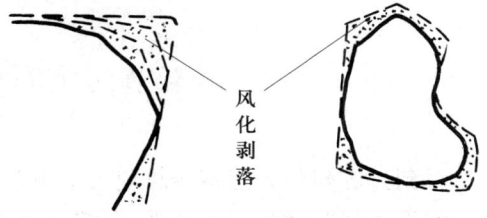

图 2-4-12　岩块的棱角是最容易被风化剥落的,因此岩块渐渐变圆了

这种使岩块变成浑圆石头的物理风化作用叫做"球状风化"。在杭州,除了在宝石山能清楚看到熔结凝灰岩的球状风化现象外,在六和塔到九溪的公路旁,也能看到砂岩的球状风化现象。

在岩石孔隙中的冰冻作用也是物理风化现象的一种。在岩石裂缝中生长了树木,树木的根不断伸长,对两侧岩石所施的压力也能使岩石更加破碎,这种现象在宝石山上就能看到。

## 二、宝石山上的石峡和悬崖

宝石山位于马蹄形的西湖群山缺口中央,它的岩石与四周群山完全不同,独具一格。

宝石山和葛岭的岩石主要是侏罗系黄尖组($J_3h^3$)火山碎屑岩中的紫红色流纹质含角砾玻屑熔结凝灰岩、紫红色流纹质含碧玉团块玻屑熔结凝灰岩。

宝石山葛岭的火山碎屑岩,形成年代要比西湖大约早500万年,是火山喷发的产物。

宝石山的突兀怪石千姿百态,威武险峻,百看不厌。它的形成与走向NE60°～70°和走向NW300°～320°两组相互交叉节理和火山碎屑岩本身密切相关。宝石山由块状熔结凝灰岩组成,岩石结构致密,岩性坚硬,抗蚀力强。这类岩石在节理密集处被切割成大小不等的菱体。风化作用沿着菱体周围的节理面进行纵深剥蚀,使岩块蚀去棱角,层层剥落(球状风化),年复一年,岩块渐趋浑圆状外形,最终把菱体雕塑成光圆突兀的怪石摆在原位。

宝石山上的石峡和悬崖,多作北东东或北西方向展布,倾角为70°～80°,甚至直立,分别与相同走向的节理产状完全吻合。关于成因,与兀石塑造的道理雷同。但是,一般在一组节理相对发育地段且节理延伸较长的情况下,可形成石峡或悬崖。其发育过程系风化作用、流水作用循节理面进行纵深剥蚀及侵蚀,使之节理面渐趋扩大,岩石碎片不断被带走、淘空,最终便形成笔直竖立的石峡,如正川洞之西的石峡最宏伟壮观。至于宝石山上的险峰、悬崖的成因机制,与石峡形成过程同理。

## 三、宝石山上的"宝石"

宝石山的紫红色流纹质含碧玉团块玻屑熔结凝灰岩中,常常嵌有一块块美丽的赭红色石头,造型各异,大小不等,闪闪发光,逗人喜爱,人称"宝石",故此山由此得名"宝石山"。"宝石",系碧玉,它只是喷出岩中常见的一种"玻璃质"的矿物。由于它不结晶或结晶不很好,所以在它的断口面,往往像贝壳一样凹进去,光滑可爱。其主要成分是$SiO_2$,属酸性火山喷发的产物,由于它含有$Fe_2O_3$,故呈红色。

## 第五节　宝石山和飞来峰的"一线天"

到过苏州的人总不会忘记天平山上的"一线天",到过天目山的人,总要到"倒挂莲花"景点看看类似"一线天"的奇观,在杭州西湖,宝石山和飞来峰的"一线天"也有其独特的景观。

"一线天"的形成与岩层的节理有密切关系。

在沉积岩中,除了层与层间的层面外,常常存在着许多从不同方向切割岩层的节理。在不成层的岩浆岩中,也常常能见到一些交错着的破裂面,这不是层面,而是节理面。

节理分为构造节理和非构造节理,构造节理主要是由于地壳构造变动作用力形成的岩层破裂,非构造节理是由地质外营力(如温度的变化等)引起岩层发生的破裂。在杭州地区的沉积岩和火山岩中,节理的产生主要是由于地壳构造变动作用力形成的岩层破裂。

岩层受到构造运动所产生的巨大的应力作用后,形成褶皱,但这时仍未失去岩层的连续完整性。随着作用力的逐渐增加,并超过岩石的强度极限时,岩层便发生破裂,形成许多节理,将岩层切割成一块一块,使岩层失去了连续完整性。节理间的间隙有大有小,很不一致。节理的延伸方向可以与岩层走向平行、垂直和斜交,按受力方向的不同呈有规律分布。脆性的岩层(如砂岩、石灰岩)一般比柔性的岩层(如页岩)容易破裂。脆性的岩层在拉张应力作用下,尤其容易破裂。在岩层弯曲最厉害的部位,由于受拉张力作用而产生许多张节理。在青龙山前观察背斜核部时,可以看到一些与层面几乎垂直的延伸不长的裂缝,就是因背斜顶部发生拉张作用而产生的张节理(图 2-4-14)。

在宝石山、葛岭的紫红色流纹质含碧玉团块玻屑熔结凝灰岩的许多节理中,一部分就是由于紫红色流纹质含碧玉团块玻屑熔结凝灰岩形成时冷缩而成的。紫红色流纹质含碧玉团块玻屑熔结凝灰岩是由地壳内部炽热沸腾的岩浆溢出地面冷凝而成。在岩体冷却、体积缩小过程中,岩体内部产生拉应力,形成了节理(图 2-4-13)。当然,紫红色流纹质含碧玉团块玻屑熔结凝灰岩在生成后遭受地壳运动作用力的破坏,也会产生许多节理。

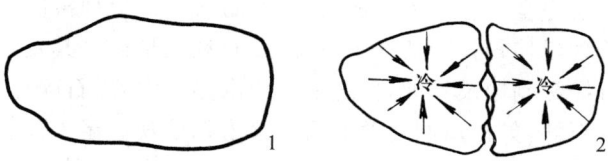

图 2-4-13　火成岩冷却收缩便产生了节理

沉积岩和火山岩都可以因为冷热的变化而发生破裂。例如冰冻可以使岩石破裂,尤其是岩石上原来有些裂缝,若是裂缝中的水结了冰,体积突然胀大,可以使裂缝扩大,把岩石切割成块。许多地质年代古老的岩石都受到过最近的第四纪冰川期气候变化的影响。杭州地区群山中的一些岩石也在这一时期遭到破坏而产生或扩大了节理空隙。

构造节理通常分组出现,一组节理在岩石中有时几乎是平行排列的;有时,两个不同方向的节理组互相交叉,把岩石切成块体。

在岩层中有节理的部位,便是岩石内部与流水、空气接触最频繁的部位,节理容易受风化和侵蚀而渐渐扩大加深,在大裂缝的两旁陡壁上的岩石块体顺着小裂缝崩落,便常常形成了奇丽雄伟的"一线天"。在与水平面垂直和平行的两组节理发育良好的岩浆岩地区,"一线天"式的陡壁和狭道更容易形成。宝石山上一些在悬石危岩裂缝中的羊肠曲道,状如"一线天",就是沿着熔结凝灰岩节理中穿过去的。

飞来峰的"一线天"与上述"一线天"的形成原因不一样,它是在一个大溶洞中有一个小的、几乎竖直的溶洞,从这里可以仰首窥视青天。它的形成也与节理有关。这里有两组互相斜交的节理发育得很好,在两组节理交叉的地方,裂隙比较大,地表水也比较容易集中下渗,再加上石灰岩容易被水溶蚀,两组节理交叉处在地下水的作用下便渐渐扩大,成为一个几乎垂直的岩洞,而且与下面近水平方向的大溶洞贯通起来。事实上,今天的飞来峰"一线天"还在水的不断作用下极其缓慢地扩大着呢!

"一线天"和"节理"两个名词往往是连在一起的。不论在何时何地看到"一线天",就应该想起岩层中的"节理"。

## 第六节　青龙山背斜

在南高峰和玉皇山之间,躺伏着一座不大为人注意的小山,这就是青龙山,在青龙山下(石屋洞东边)道路旁可以看到断面清晰的背斜构造。

由四眼井沿着通向石屋洞、水乐洞的大路走去,在中途靠青龙山旁边停下来,就可以看到因开路而被劈开的岩层露头。背斜与向斜特征相反,背斜核部的岩层是向上凸起的,两翼岩层向两旁倾斜(图2-4-14)。背斜的核部地层时代比较古老,越向两翼地层时代越新,且岩层对称重复出现。

图 2-4-14　青龙山背斜层素描

分析青龙山背斜的新、老地层的排列。从玉皇山向西北走,穿过青龙山到南高峰,首先见到的是时代较新的石灰岩,后见到的是时代较老的泥盆系砂岩,最后又见到时代较新的石灰岩(图2-4-15)。

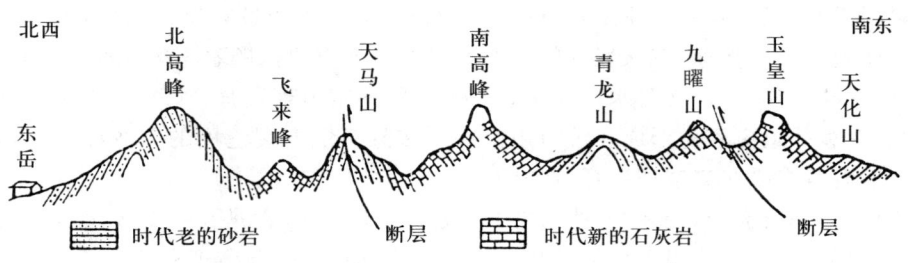

图 2-4-15　西湖群山自东南到西北的大剖面示意图

青龙山背斜两翼岩层的产状,北西翼倾向为 N360°∠54°左右,南东翼为 SE132°∠56°左右。青龙山背斜往东北方不远的地方慢慢地封闭起来,在西湖旁已没有泥盆系西湖组($D_3^1x$)石英含砾砂岩出露。这说明背斜的枢纽是向西湖方向倾伏的。因此,青龙山背斜是一个倾伏背斜(图 2-4-16)。

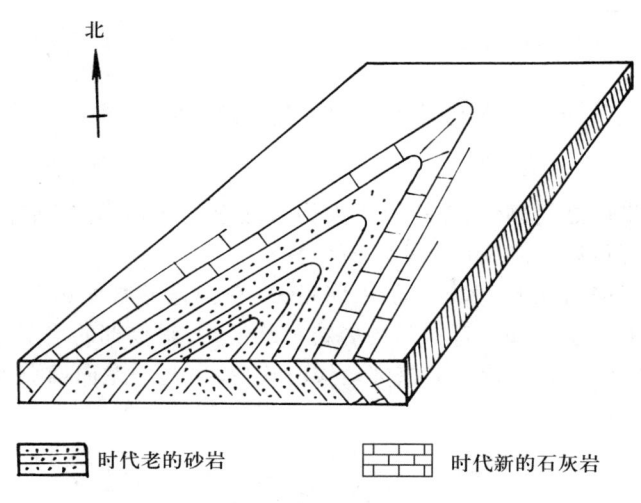

图 2-4-16　向北东倾伏的背斜层

## 第七节　梯云岭断层

从玉皇山下来到四眼井、虎跑,沿路地层的变化颇有些奇特。玉皇山和它西北面的九曜山都是石灰岩,岩层都倾向南东方向。但两山中间的梯云岭却出现了时代较老的砂岩,说明这里曾经发生过巨大的地层断裂作用,使许多地层缺失了,出现时代老的地层覆盖到时代新的地层上面。岩层发生破裂而且有上下或左右位置显著移动的现象称为"断层"(图 2-4-17)。梯云岭就是一条逆断层所在地。

断层和节理同是岩层的断裂现象,但二者有所不同。断层是岩层既破裂,且破裂面两侧岩层又有明显的相对位移;而节理只是岩层的破裂而没有明显的相对位移。断层要在断裂面上发生明显的相对位移,绝大部分是由地壳运动产生巨大力量才能直接引起的;没有明显

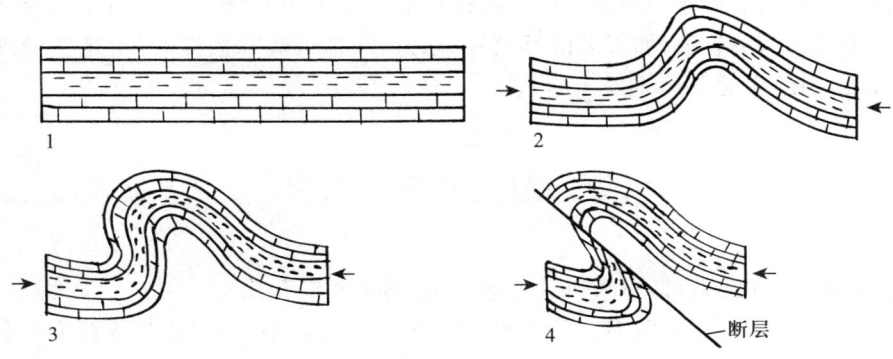

图 2-4-17　由地壳运动所产生的水平挤压力引起断层的形成

位移的节理,除地球内部动力直接引起外,地球外部动力所引起的也不少,如喷出岩上的节理。

在梯云岭上有许多破碎的砂岩碎石块。顺着岭上小路向莲花峰采石场走去,一路上可以看到许多岩块上有明显的断层擦痕[图2-4-18(a)],还有不规则多角状的砾石、被红色的黏泥胶结起来的断层角砾岩[图2-4-18(b)]。若将稀盐酸滴几点在这红色黏泥上,就会产生泡沫,证明这种胶结物中有碳酸钙成分存在。这些现象都是梯云岭逆断层存在的依据。

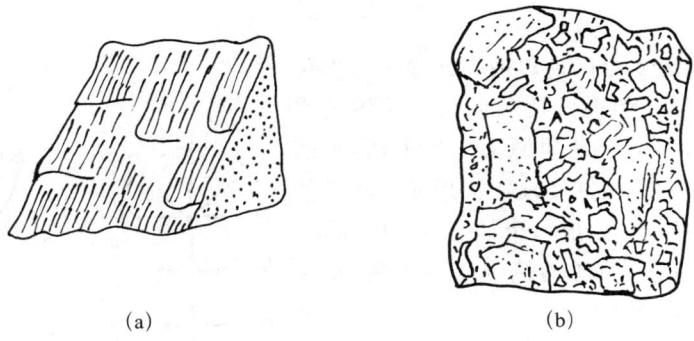

图 2-4-18　断层擦痕(a)和断层角砾岩(b)

从玉皇山向斜层核部(在玉皇山顶)向北西翼走,地层的出现是按着向斜应有的岩层层序排列的,由石炭系船山组($C_3c$)到石炭系黄龙组($C_3h$),到梯云岭是时代较老的泥盆系珠藏坞组($D_3^2z$)的砂岩。但到了九曜山,突然出乎常规地出露了时代较新的二叠系栖霞组($P_1^2q$)石灰岩地层。这是由于此处岩层曾受到强有力的地壳运动所引起的力量挤压,产生破裂而形成梯云岭逆断层。

在断层经过的地方,因为岩石破碎,裂缝多,比较容易风化,地表水也容易在这里汇集并进行侵蚀。因此,在断层通过的地方,地表的形态常常凹下去成为山沟溪涧(图2-4-19)。梯云岭之所以在玉皇山和九曜山之间成为

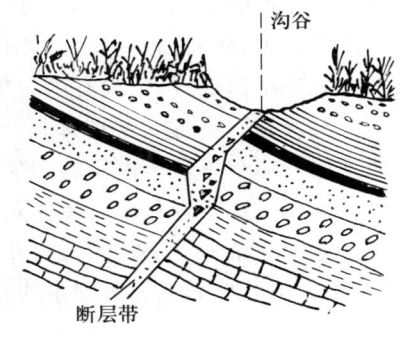

图 2-4-19　断层的张性破裂带

较低的山岭,就因为这里有一条断层带。在杭州地区群山中有许多处在两座山峰之间较低的"岭",几乎都与断层有关,如有名的万松岭、慈云岭、梯云岭和栖霞岭等,这些岭现已成为杭州地区群山中的交通要道。

## 第八节　九溪十八涧

由九溪沿河谷西北行,即进入风景秀丽的"九溪十八涧"。

九溪十八涧实际上是一条多次分支的山区溪流。九溪是指这条山区溪流有九条主要小支流。古时人们常喜欢用"九"字来表示数量的众多。其实这条山区溪流的支流不止九条。十八涧原指这条山区溪流的源头——龙井村一带无数的山涧泉流。"十八涧"也是古时人们用"九"的倍数来形容山涧泉流众多的意思,并非只有十八条山涧。

九溪十八涧是如何形成的呢?例如,地表是非常平坦的,雨水降落地面即成一薄层"面状水流",顺着地表的原始倾斜流动。事实上并非如此,绝对平坦的地表是没有的。地面上只要有几颗土粒石子凸出,前面所说的所谓"面状水流",亦迅速遭到破坏。水流在遇到土粒石子时,即向两侧扩散,并在土粒石子间孔隙集中起来,产生了水流较集中的"股状水流",对地表进行冲刷,使平坦的地表出现小沟。由于地表在组成物质方面、植物生长方面都是不均一的,地表水流总有机会集中成为股状水流,在地表冲刷出许多长形的凹地。

在凹地中,地表水沿凹地斜坡向凹地中心部位集中成为线状水流。但在凹地的源头所接纳的水流比其他地方多,水流在凹地源头发生下切,其速度也比其他地方快,从而在凹地源头形成半环状的坡地,逐渐破坏而后退,形成一个如漏斗状的盆地。在凹地源头以下一段,由于两侧水流的汇集,也逐渐形成线状的沟谷(图2-4-20)。

九溪十八涧的源头在龙井村一带,其形状为一个面积巨大的漏斗状盆地。这就是地表的凹地,在地表水流长期破坏下形成的沟谷源头部分。这个漏斗状盆地的四周山岭,基本上由砂岩组成,如北面的棋盘山、西面的狮子山、西南面的五云山、东南面的大华山都是砂岩,只有东北角靠近龙井泉处出露了石灰岩。穿越龙井的断层亦向龙井漏斗状盆地延伸。穿越棋盘—狮峰的一个南北走向断层,也穿过盆地。这些岩石破裂带在龙井盆地交集,是促使盆地发育的一个地质因素,在龙井漏斗状盆地

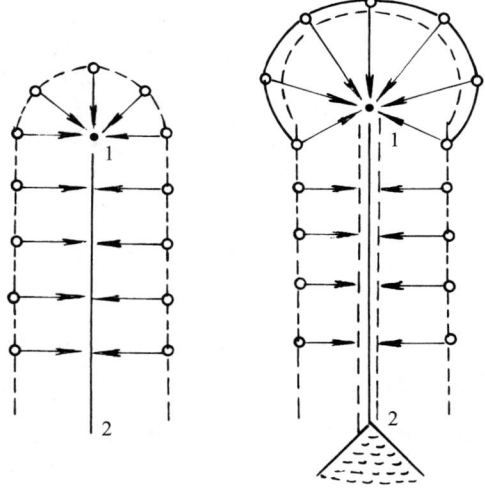

说明:1为浅小凹地汇水最多处,冲刷而成漏斗状盆地;1—2段为线状沟谷段,尾端发育有扇状的洪积扇,带小圆圈的箭头表示水流的流向。

图2-4-20　浅小凹地发育成为沟谷的简略图解

中,四周山岭坡面上无数细小的水流,都向盆地中心汇集,形成了"万壑争流下九溪"的美丽景色。

九溪十八涧自漏斗状龙井盆地以下,即线状沟谷,两侧陆续汇来许多小溪,叮叮咚咚,奔

流而下。这段线状沟谷长度近 2 000 m,全线在砂岩山岭间流过。它谷坡陡峻,谷底基岩裸露,少有砂石堆积,说明山区溪流在线状沟谷部分,主要表现为向下侵蚀切割。

山区溪流的堆积区,主要发生在线状沟谷的谷口处。在九溪村附近谷地逐渐开阔,地势也平缓起来,原来约束在"重重叠叠"山中的九溪十八涧,在暴雨季节带来的大量砂石、泥土,流到此处因谷口开阔流速减缓而堆积下来,形成洪积扇,其末端毗连钱塘江。九溪十八涧水流即在洪积扇上注入钱塘江(图 2-4-21)。

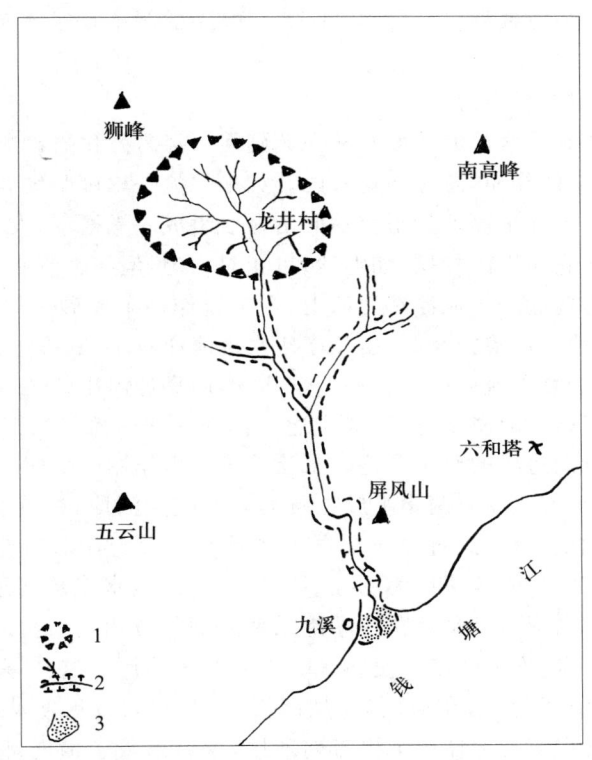

1.漏斗状汇水盆地;2.线状沟谷;3.洪积扇
图 2-4-21　九溪十八涧谷地地形略图

九溪十八涧穿绕在葱茏起伏的峰峦间,上有漏斗状龙井盆地,万壑争流;中有线状沟谷,接纳"九"溪水流;下有洪积扇堆积体,是一条完整的多次分支的山区溪流。"九溪十八涧"一名,在一定程度上反映了它的特点。

## 第九节　之江的"之"字

钱塘江是浙江省第一大河,早期称"浙江",隋唐之后才叫"钱塘江",又名"之江"。它跨越安徽、浙江两省,向东流入杭州湾。据浙江省钱塘江水系考察队《钱塘江水系考察报告》的考察资料,从源头到澉浦全长约 515 km,流域面积(从源头到闸口)约 41 700 km$^2$,年平均径流量为 382 亿 m$^3$。钱塘江属山溪型河流特征,上游多峡谷急流,水位变化幅度大,有暴涨暴落现象。河口因潮汐影响显著(潮区上至周浦),潮差也很大。据闸口站 1958—1970 年观测资料,最高潮水位为 8.01～9.01 m,最低潮水位为 3.59～5.35 m。

钱塘江自闻家堰以上,因受两岸坚硬岩石的约束,江道弯曲度甚小。当向下游奔流过闻家堰进入平原后,江流和潮汐的侧向侵蚀作用强烈,不断地侧蚀六和塔屹立的岸(凹岸)边物质,而在江对岸(凸岸)滩地处堆积。这一作用造成凹岸渐渐后退,凸岸相应前进,致使江道愈趋弯曲,最终形成今日的河曲。登上六和塔,就看到钱塘江左弯右拐地向东奔流。登上玉皇山之巅,远眺钱塘江在闻家堰至杭州闸口间左弯右拐地向东奔流,江道蜿蜒曲折,形如一个巨大的反写的"之"字,故钱塘江又称"之江"。"之"字的躯干是钱塘江,西湖形似"之"字顶头一点。

江身为何会曲折成"之"字形?

河流的河床(河道承受水流的床面),从河源到河口经常发生着冲刷和淤积,其外形也不断发生变化。组成河床的物质,总是不均一的。如果河流一岸由坚硬岩石组成,另一岸由松散的泥沙组成,那么河流在平面上就很容易向由泥沙组成一岸摆动,发生弯曲。即使有一段比较顺直的河流,组成它两岸的物质(如泥沙)也相对均匀,但在水流和河床这对矛盾长期发展的结果,也会使它弯曲起来。泥沙在河床上,在水流作用下使砂呈波浪状向前移动,于是在河床上就产生了沙浪。沙浪推移时,由于岸边水流流速较小,其推移速度要比河中间的沙浪慢。沙浪靠河心部分顺着流向向下游呈弧形凸出,而靠近河岸的一端,即与河岸毗连。弧形沙浪伸展的结果,逐渐与河岸平行,形成岸边的沙滩——边滩。当第一个边滩形成后,迫使水流发生曲折,而折向边滩的对岸。这时水流除了重力作用产生向下游流动外,还产生了与河流相垂直的横向环流。原来两岸组成物质均匀的顺直河段,在具有横向环流特性的水流作用下,边滩一岸发生淤积,其对岸即受冲刷,结果就能使河床弯曲起来。

在河弯地段,水流的横向环流更为明显(图 2-4-22)。当水流从河道较直的一段转入较弯的一段时,在离心力作用下,水流尽量保持原来流动的方向,直逼凹进去的一岸(称为凹岸,它的对面凸出的一岸,称为凸岸),使凹岸的水面高于凸岸。这样,就使凹岸水面的水质点沿着凹岸的边坡向河底流动;在河底,又从凹岸流到凸岸,以后便从凸岸河底升向水面。到达水面的水质点,又在离心力作用下再流向凹岸,这就形成了横向环流。在凹岸,是受水流顶冲的地方,这里的水流是下降水流,具有较大的挟砂能力。凹岸泥沙就被水流冲刷走

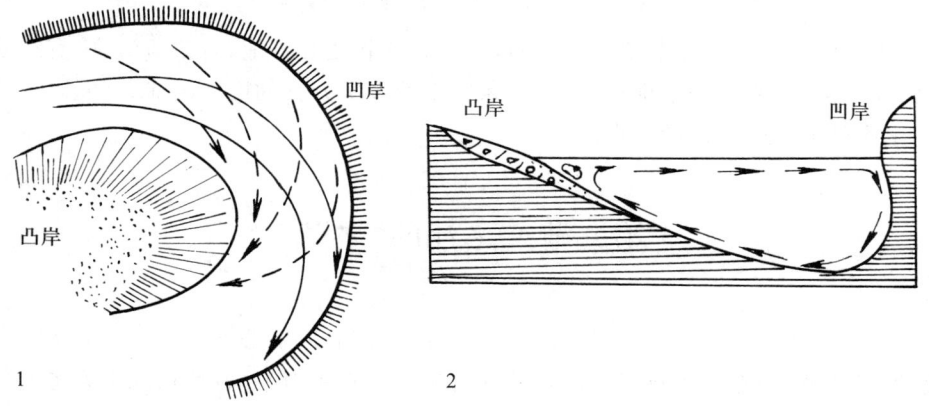

1. 平面;2. 剖面

图 2-4-22　河流在弯曲地方的流水情况和侵蚀沉积的情况

了，河岸也变得陡峭且不断后退。挟带着泥砂的水流，自凹岸到凸岸，由于是逆着岸坡向上升的，能量大大被消耗，于是就有一分泥砂在凸岸沉积下来，形成了沙滩，并逐渐向河心伸展扩大。凹岸不断被冲刷后退，凸岸不断沉积延展，就使河流作"之"状弯曲起来。这部分河流称为"河曲"，这种曲折蜿蜒的"河曲"常常可以在发育时间很久的河流的中、下游看到。在河曲的地方，河谷的两壁远远地退在两旁，巨人般兀立着，凝视着中间的"银蛇"盘舞（图 2-4-23）。之江的"之"字部分就是一个河曲。

河流形成"之"字形后，"之"字并不是一成不变的。当河流弯曲得很厉害时，前一个大转弯与后一个大转弯几乎碰到一起，在它们中间只隔着一条狭窄的地面。这时往往由于河流弯得太厉害，流水缓慢无力。雨季时，水量突然增加，就会把两个大河湾间的狭窄地面冲开，使相邻的河湾连在一起。由河流自己打通两个相邻的大河湾，将曲流改成直流，这种作用称为河流的"截弯取直"作用。河流的两个相邻的河湾被截直后，原来弯曲部分的河道就成为湖泊。这种湖泊的形状与原来河道的形状相似，弯弯的像一个牛轭，被称为"牛轭湖"（图 2-4-24），由旧河道所成的牛轭湖的湖盆总是比较浅的，它沼泽化的速度也特别快。

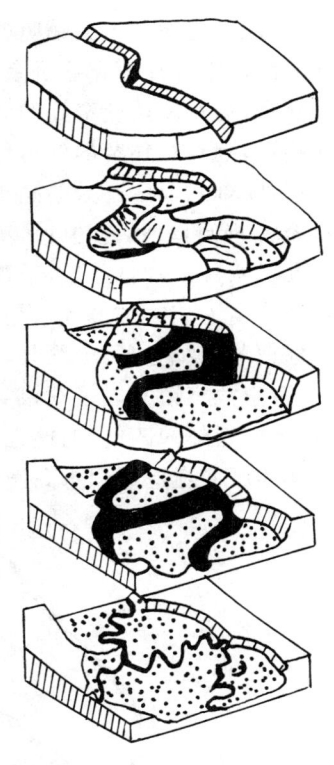

图 2-4-23　河曲的形成过程示意

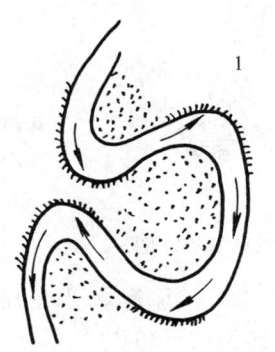 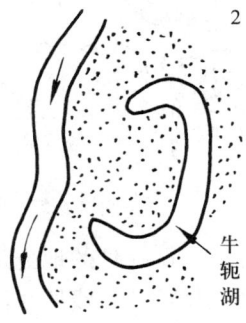

图 2-4-24　牛轭湖的形成

## 第十节　钱塘江大潮

钱塘江大潮如万马奔腾，真是"壮观天下无"。潮汐是由月亮和太阳对地球的吸引力所引起的，为什么上海黄浦江就没有这样壮观的潮汐呢？显然钱塘江大潮与一些独特的自然、地理条件有关。

打开地图一看，便会发觉钱塘江口的形状和别的一些河流如黄浦江、长江、黄河等不一样,钱塘江口好像一个大喇叭(图2-4-25),江口大而江身小,张着口朝向东海。在杭州湾出口处的湾口附近江面宽达百余千米,自此向上到澉浦,河宽逐渐变为20.0 km,再往上游至海宁盐官,河宽突然变窄到约3.0 km。当起潮时,潮流汹涌地由江口向内江推进,因江道愈来愈狭窄,潮水被狭窄的江道约束住后,致使水面壅高,后浪赶前浪,形成巨大的浪头,一层叠一层,顷刻间形成巨大的潮头溯江而上,终于在大尖山附近形成波澜壮阔的涌潮。从大尖山口至杭州闸口段,基本上都属于涌潮的河段,其中以七堡至新仓之间受涌潮作用最为剧烈。农历八月十八日前后,千古称绝的"钱江大潮"刹那间漫江沸腾,波涛万顷,江面上出现一道通常高为1.0~2.0 m(最高可达3.0 m)的白浪大墙,其汹涌澎湃的气势,成为天下奇观。据记载,观潮的历史悠久,观潮地点已有几次更换。唐宋时期,在杭州附近观潮。从明代起,海宁盐官镇又成了观潮第一胜地。现在涌潮最强烈地点已转移到萧山头蓬附近,所以,在杭州近郊的四堡、七堡也可观赏到较大的涌潮现象。观潮位置的迁移,主要由于钱塘江泥沙冲淤变迁造成潮水高涨中心位置相应改变之故。

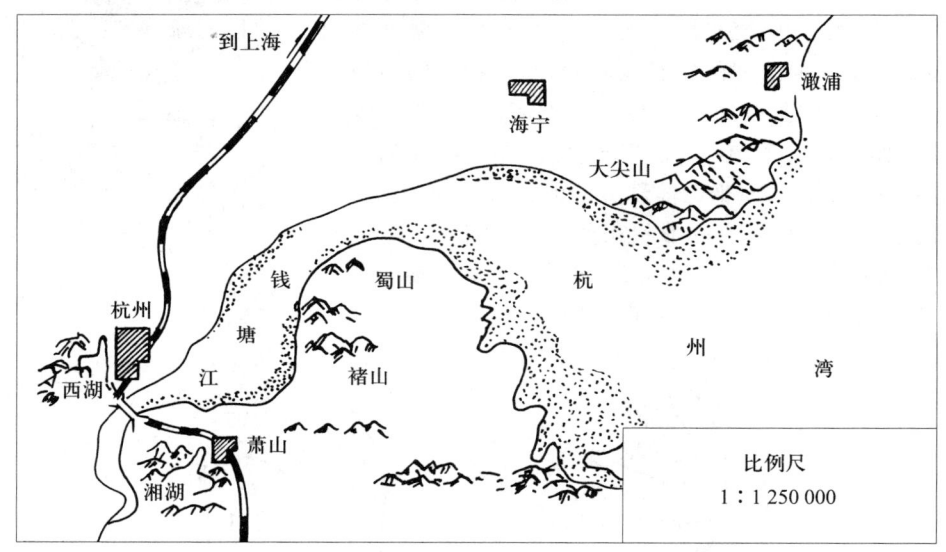

图2-4-25 杭州湾喇叭口形势略图

喇叭形河口是由于河口一带的地壳运动的方向向下沉降、海水漫浸河口而形成的。这样的河口或江口称为"三角江"。钱塘江河口就是典型的三角江。

钱塘江大潮形成的第二个重要因素是在河口(大尖山附近)发育有一个巨大的拦门砂坎,它的组成物质主要是分选性良好的粉砂,在形态上呈不对称隆起。在河口有了这么一个庞大的堆积体,自然对潮水有很大的影响。当潮起时,潮水涌入江口,到达了大尖山附近,就像碰到了一堵陡墙似的,来势汹汹的潮头便一跃而上,把浪头掀得高高的。前面的浪头走得慢,后面的浪头飞速地赶上,后浪赶前浪,一层叠一层,就形成像墙壁一样直立在江面上的浪头。浪头排山倒海而来,直向河道内部逆流推进,越到内部,力量越小。我们在钱塘江大桥附近看到的潮头,已经是"强弩之末"了。

钱塘江大潮,涌潮的潮头高度一般为1.0~2.0 m,最高时可达3.0 m,它的传播速度很快,一秒钟内潮头要跑10.0 m左右的路程,大潮带来的海水一秒钟内常可达到几万吨,可见大潮所产生的力量是惊人的。1953年8月的一次大潮,竟把海宁镇海塔附近高出海面7.0~

8.0 m 的石塘上的一只 3 000 多斤重的"镇海铁牛"冲到了十几米之外。

在老盐仓一条丁坝上,有些作为护坝用的混凝土大石块,重达 11 吨,也常常被凶猛的潮头冲走,可见其破坏性之大。

为了防御钱塘江大潮对田地造成严重破坏,在钱塘江两岸兴建了长长的坚固的大石塘。江的北岸,从杭州上泗起到平湖市金丝娘桥止,石塘共长约 200 km;江南岸的石塘也长达 110 km 左右,因为河道已北移,它便留在萧山临浦到绍兴蒿坝的一片冲积平原上。这两条大石塘共长 300 多千米,砌叠精致,石料坚固,实是我国劳动人民征服大自然的光荣而伟大的标志。

目前,钱塘江两岸兴建了数百条丁坝和堤塘,有效地保护了岸滩,促使江槽逐渐趋于稳定。

# 第十一节　西湖泥

在西湖四周的田地里,常常可以看到黑褐色的细腻的湖泥堆。这些湖泥是从西湖里捞起来的。在黑褐色的湖泥中,可以看见一些尚未完全腐烂的植物的残败枝叶混杂在里面。

西湖的成因是由海湾演变成潟湖,湖水变浅,湖面范围也变小了。潟湖与海隔绝,湖水主要来自直接落在湖面上的降水、地表水和地下水。而西湖四周群山中的溪涧仍然连续不断地带来泥砂,在湖的周围沉积下来。颗粒较粗大而重的砂砾首先在湖岸旁沉积下来,在河口迅速地形成沙滩;颗粒细小而又较轻的泥粒在离湖岸较远的地方沉积下来;而那些粉末般的黏土则长久地悬浮在水中,最后沉积在整个湖底。这样有规则地按照沉积物的轻重和大小,分别地、有先后地沉积在不同的地方,是沉积作用的一个很大特点,称之为"分选作用"。由于泥砂的这种沉积作用,湖边粗大砂砾的厚度以最快的速度增长着,砂砾甚至露出水面,湖水变浅,湖的面积缩小了。而在湖的中心部分,因为沉积物质比较细小,沉积不快,湖底的上升就比较缓慢。今天的西湖是潟湖的中心部分,所以,湖底的泥砂特别细;尤其是表面的一层"泥油",就是由那些悬浮在水中的粉末状物质沉积而成的。

在泥砂不断沉积和湖面不断缩小的同时,习惯生长于水洼地里的植物也在浅水地带迅速地生长起来。它们常常是一丛一丛地分散点缀在湖面,使湖面具有了沼泽的特有景色[图 2-4-26(a)]。这些植物中最常见的是金鱼藻和芦苇等。植物死亡后,它们的遗体跟着泥砂沉积到湖底,加速了湖底的上升,使湖水变浅、湖面面积缩小。

湖泊的这种变化称为"沼泽化"。这种变化可以使湖泊变成沼泽,最后甚至完全消失变成陆地。

植物的遗体和泥砂一起沉积在湖底后,如果上面长时期有水覆盖着,由于空气不足,细菌活动就不活跃,它们对有机物所进行的分解作用也特别慢,湖泥中就会残留一些没有完全腐烂的植物残体。没有经过细菌充分分解的有机质与细泥混合在一起,湖泥就变得更细腻,颜色带绿褐色或黑褐色。如果有机质含量更多,湖泥就带黑色。湖泥含有机质很多时,就可成为泥炭[图 2-4-26(b)]。浙江东部在山地和平原交接地带,许多古潟湖都发育有泥炭层。

历代以来,西湖数次沼泽化几乎完全淤塞。例如:在唐穆宗时,水利失修,西湖几乎要干涸了;五代时,兵荒马乱,水利失修,西湖又被菱荷所淤塞;到北宋,诗人苏东坡来杭州做通判

(a) 从平面看潟湖沼泽化的外貌

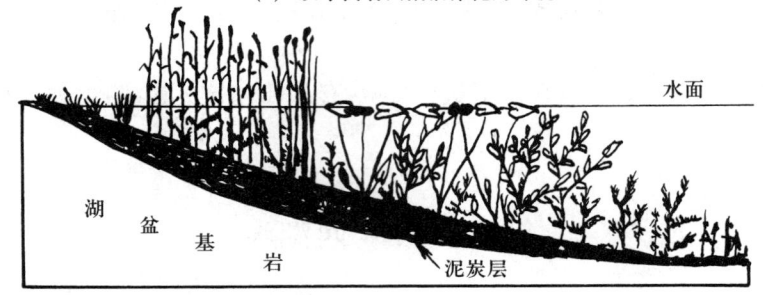

(b) 从剖面看潟湖在沼泽化过程中怎样生长着水生植物和泥炭层

图 2-4-26 潟湖的沼泽化

时,西湖成一片沼泽,几乎有三分之一湖面被淤塞;又经十多年,当苏东坡第二次来杭州时,西湖又有二分之一湖面被淤塞。这几次严重的淤塞,都因得到疏浚整治而使西湖得救。苏东坡第二次来杭州时,曾调用二十多万民工疏浚西湖,他们挖泥筑堤,兴修水利,使湖水易于蓄泄,便于灌溉。在沼泽化过程中的西湖,经过历代疏浚整治"抢救",终于得以保存下来了。

新中国成立后,杭州市人民政府有计划、有组织地对西湖进行了全面整治。一方面,分期分批地挖掘湖泥,加深湖盆;另一方面,大力封山育林,防止水土流失,根绝大量泥砂入湖。1985 年,杭州市政府投入人力和物力,完成了钱塘江引水工程,它使钱塘江水有控制地穿过南屏山流入西湖,平均 33 d 给西湖换一次水,并设置了两个主要出水口以调节西湖的水位,一是圣唐闸,经圣塘河流入运河;二是涌金闸,经浣纱河地下管道流入城河,最终也流入运河。自 1982 年以来,西湖每年常规疏浚淤泥 20 000 $m^3$;2000 年,杭州市政府又大规模地疏浚西湖。如今,西湖不仅湖光山色分外美丽,而且湖中可以大量养殖淡水鱼。湖边植被茂盛,改善了市区小气候,给杭州市人民带来了许多好处。

西湖泥是湖泊在漫长的沼泽化过程中的一种必然产物。

# 附录一  闲林埠钼铁矿简介

闲林埠钼铁矿位于余杭区闲林埠,京杭大运河南岸、杭徽公路北侧,距杭州市区约 20 km。自然地理位置在杭嘉湖平原西南缘,与天目山余脉交接处的低山丘陵地带,系一以钼、铁为主的多金属矿床,为中小型露天矿。

矿区区域构造位置处于上村闲林背斜之北西翼,寒武系上统华严寺组灰岩与营盘山花岗闪长岩岩体的接触带上(图 2-附-1)。华严寺组为灰至深灰色带状、瘤状灰岩;花岗闪长岩岩体为浅灰至灰白色,主要矿物为斜长石(含量约 50%~55%)、钾长石(含量 10%~25%)、石英(含量 10%~20%)、角闪石(含量约 10%)及少量黑云母,中细粒等粒结构,块状构造。此外,还可见花岗斑岩或石英斑岩中酸性岩脉及辉绿岩岩墙。矿区主要断层为 F1,北北东向切割矿体,将矿体分为东、西两矿。岩体与围岩接触带上在接触交代变质作用下,灰岩发生硅化或大理岩化成为硅化灰岩及大理岩;同时,矽卡岩化生成透辉石-石榴子石矽卡岩,并且发生强烈硅化作用生成矿体。矿体走向 NE60°~80°,倾向 NW,倾角 48°~60°。自岩体向灰岩方向矿体呈现分带现象,大体为磁铁矿体-钼铁矿体-铜铁矿体-钨铜铁矿体。矿床成因属高温热液接触交代矿床。

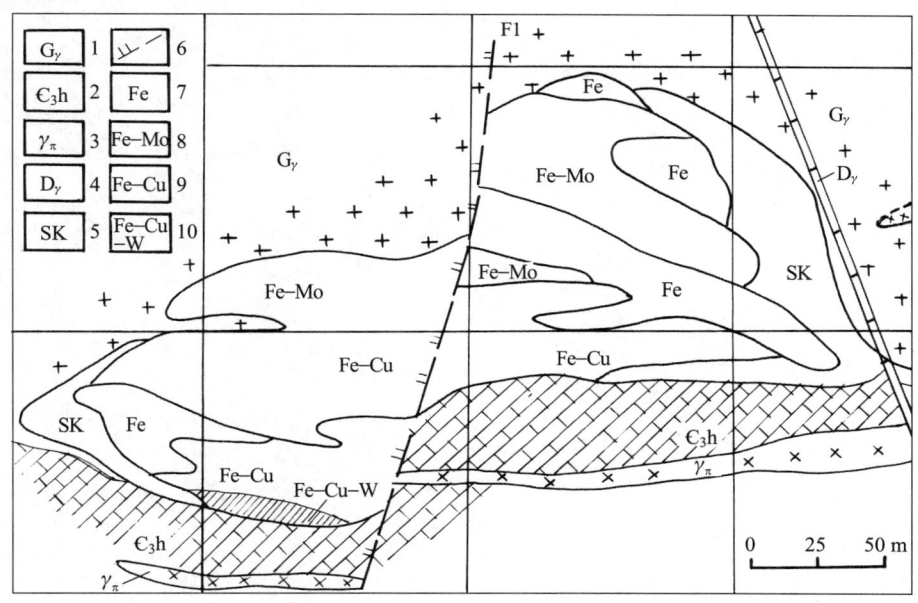

图 2-附-1  闲林埠钼铁矿地质图

矿石的主要矿物有磁铁矿、磁黄铁矿、黄铁矿、黄铜矿、辉钼矿、方铅矿、闪锌矿、辉铜矿、斑铜矿、毒砂、白钨矿等;脉石矿物有石英、方解石、黑云母、角闪石、柘榴石、透辉石、符山石等。结构为粒状、交代残余、乳浊状结构;多为条带状、浸染状及致密块状构造。

矿床总体开采方案为上部露天下部井巷开采,露天开采深度为 118 m,约能采出总储量的80%左右,目前仍处于露天开采,按10 m为一开采阶段进行开采。其选矿生产工艺为浮选—磁选联合洗选工艺。开采及选矿均基本实现机械化生产。

矿区露天采坑边坡稳定性是矿山工程地质的主要研究问题,必须依据岩层及矿体产状与边坡的关系,构造节理发育程度、岩石物理力学性质,岩、土风化情况等水文工程地质条件综合分析与计算,选择适当的边坡稳定坡角。矿床水文地质条件简单,主要是岩层及矿层所含的裂隙水,在开采后矿坑涌水的疏干问题,应布设水仓选用适宜能力的排水设备进行疏排,目前排水量为400~800 m$^3$/d。此外,矿山生产的大量尾矿废石的堆放,也是必须合理解决的重要问题。

# 附录二 灵山洞简介

灵山洞位于杭州市西南、杭富公路旁,距杭州市区约 20 km。此处为一溶洞群,共有大、小洞穴 20 余个,目前开发的潘家洞,称之为"灵山幻境"(简称"灵山洞")。

灵山洞洞体形状总体呈袋状(图 2-附-2),洞体大小数据见表 2-附-1。

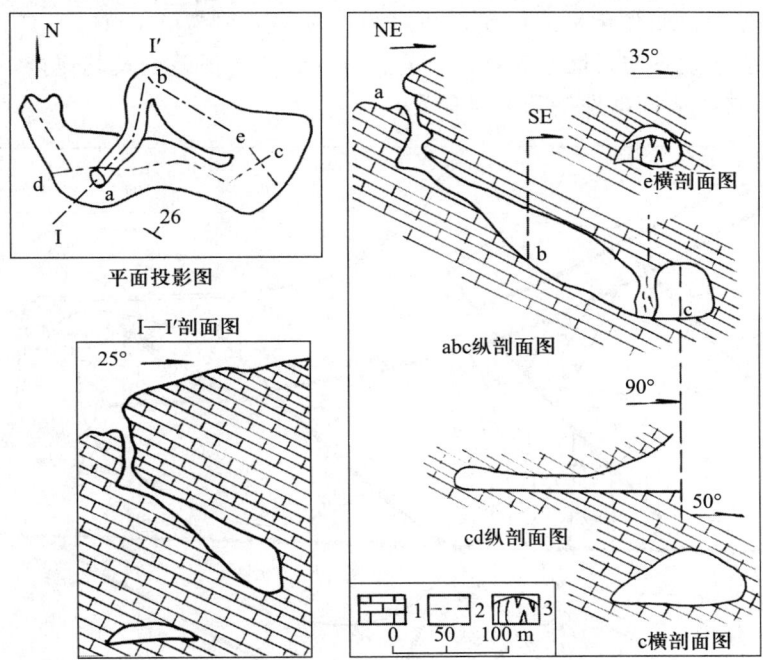

1. 石灰岩;2. 导线;3. 石柱、钟乳石及石笋

图 2-附-2 灵山洞洞体形态图

表 2-附-1 灵山洞洞体大小数据表

| 厅 段 | 长度/m 平距 | 宽度/m | | | 高度/m | | | 高差/m | 面积/m² | 容积/m³ |
|---|---|---|---|---|---|---|---|---|---|---|
| | | 最大 | 最小 | 平均 | 最大 | 最小 | 平均 | | | |
| 洞口—上厅 | 24 | 3 | 1 | 2 | 13 | 8 | 8 | −24.8 | 78 | 624 |
| 上 厅 | 60 | 31 | 4 | 17 | 11 | 3 | 7 | −11 | 1 041 | 7 287 |
| 上厅—下厅 | 34 | 2.4 | 0.8 | 1.5 | 3.5 | 1.4 | 2.5 | −18.2 | 56 | 140 |
| 下 厅 | 198 | 32 | 6 | 16 | 39 | 6 | 24 | −50.2 | 2 752 | 66 083 |
| 尾 厅 | 16 | 9 | 1.5 | 7 | 6.5 | 1.5 | 5.5 | +0.2 | 62 | 372 |
| 全 洞 | 332 | — | | | — | | | −104 | 4 989 | 74 716 |

进入灵山幻境,清风习习,流水潺潺,洞厅透迤深远。洞内钟乳缀满顶壁,地下石笋遍布。有的钟乳沿石壁连成一片宛如瀑布;有的像朵朵莲花;大厅中央有一巨大石笋拔地而起,高达 24.5 m,颇为壮观。地面沿裂隙沉积的多边形石棱,曲折绵延,有似长城、有似梯田阡陌的盆景缩影。沿"之"字形高 75 m 的石梯攀登而上,来到上洞——清虚洞天,天梯、风廊、瀑布、洞窟变幻,犹如一座地下园林,点缀有石刻题词,颇具情趣。

灵山洞及其洞内景观均属由岩溶作用形成的喀斯特地貌。据附近一带地质略图(图 2-附-3)可以看出,灵山洞位于西山向斜核部的断裂带上,区内发育有北东、北西、近东西向三组断裂,岩层内沿三组断裂方向节理发育。从洞体平面投影图(图 2-附-2)可见,灵山洞洞体上下重叠呈折线状,其走向亦沿北东、北西及东西向延伸,与断层及节理方向相一致,地质构造对溶洞发育有明显的控制作用。洞体所在地层为石炭系上统船山组($C_3c$),船山组灰岩质较纯、层理发育,岩溶发育与岩性亦有关系。上洞与下洞的高低差异及其连接上、下洞的垂直洞穴的发育,则与地壳间歇性抬升运动有关。

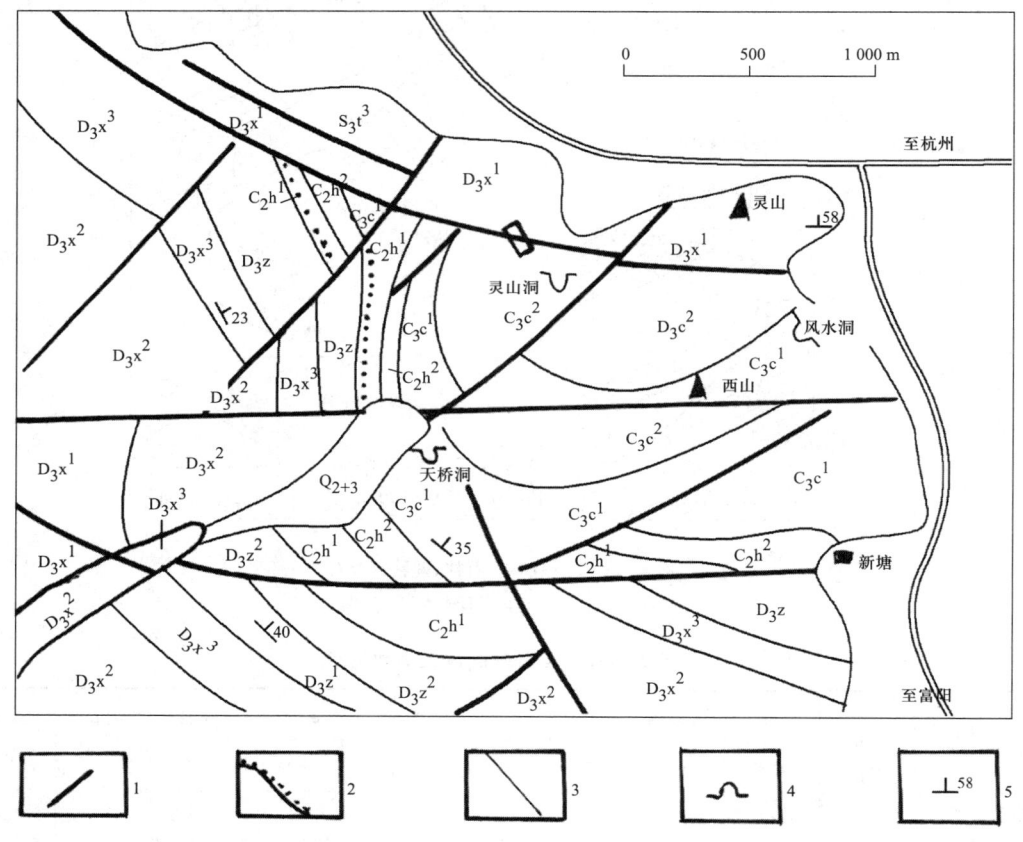

1. 断层;2. 假整合;3. 地层界线;4. 溶洞;5. 产状

图 2-附-3 灵山洞一带地质略图

# 附录三  瑶琳洞简介

## 一、瑶琳洞概况

### (一) 交通位置

瑶琳洞位于桐庐县西北约 25 km、风景秀丽的分水江畔,毕浦盆地的西南,至南乡洞前村的西山山麓。距杭州市区约 85 km(杭州市区至桐庐县 90 km),乘车行程约 2 个小时可直达洞口,交通十分方便(图 2-附-4)。

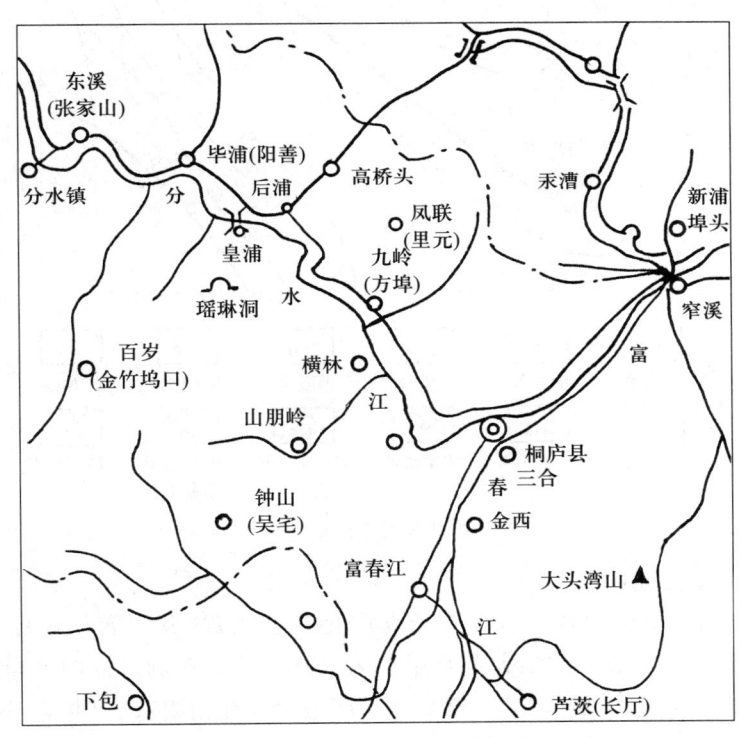

图 2-附-4  瑶琳洞交通位置示意图

### (二) 瑶琳洞简史

瑶琳洞是一个规模巨大,洞景奇异壮观的石灰岩地层中的天然洞穴。早在唐宋时期就被发现,距今约有 1 000 年的历史。据桐庐县县志记载:"瑶琳洞位于县西北 45 里,洞口阔二丈余,梯级而下五丈余,有崖有地,有潭有穴,壁有五彩状,若云霞锦绣,泉有八音,声若金鼓,笙琴语犬声,可惊可怪,盖神仙游之所也。"

瑶琳洞从 1979 年开始开发。当时在第一洞厅内发现前人的题词,但已模糊不清,第三洞厅内发现唐朝"贞观十七年二月七日"题词,洞内还见到铜镜、铜钱等实物。

## 二、瑶琳洞区的地质条件(图 2-附-5)

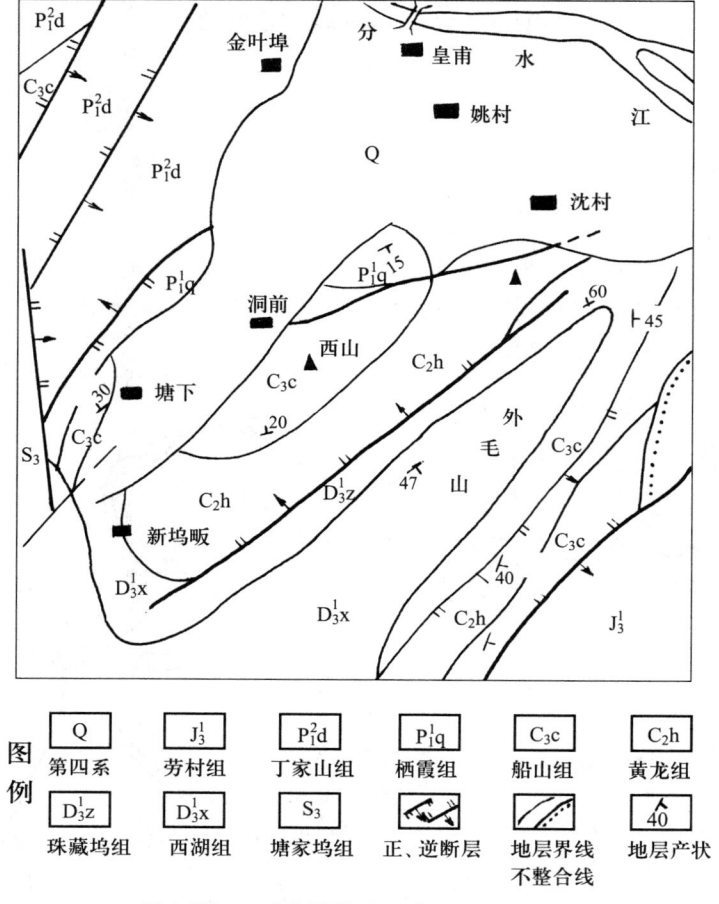

图 2-附-5 瑶琳洞附近地质图(1∶50 000)

(一)洞区的主要地层

整个瑶琳洞洞穴范围的西山区均由石灰岩地层所组成,其出露的地层主要为黄龙组($C_2h$)灰岩、船山组($C_3c$)灰岩、栖霞组($P_1^1q$)灰岩。这些地层在洞穴内的分布情况为:第五、六洞厅地段为黄龙组($C_2h$)灰岩,第一至第四洞厅地段为船山组($C_3c$)灰岩,栖霞组($P_1^1q$)灰岩主要分布在第三洞厅的顶部一带。

西山的南东方向即外毛山的地层主要为西湖组($D_3^1x$)石英砂岩。

(二)地质构造

洞区的地质构造是处在"浙西印支准地槽"的中段,毕浦向斜的东南翼,外毛山背斜的西北翼。

洞区主要有两组断裂构造,一组呈 NE45°方向延伸与地质构造线方向基本吻合(岩层产状为 NW344°∠39°),主要出露在沿瑶琳洞口通过西山和塘坞里后山间的鞍部,延伸至神仙洞山和麻粟山的北麓地段,属纵断层性质。另一组主要断裂方向为 NNW(近乎 SN 向),属横断层性质,它位于乡采石场至叶板洞的延伸线。

由于受构造运动的影响,洞区的石灰岩地层中,裂隙较为发育。

(三) 水文地质条件

由桃源溪上游(现已建水库)的地表水流经瑶琳洞成为地下暗河,流经六个洞厅后至沈村出口。地下水温一般在18℃左右,流速为0.3~0.5 m/s,日流量为2 000~2 500 t,流量变化稍大。在洪水期地下河道的变化是很大的。如"七·五"南堡洪水(1970年7月5日),在至南大桥水位高过桥面0.5 m(30 m),使沈村出口处的洪水倒灌,地下河道排水困难,产生壅水现象。并带来大量的砾石和泥砂,砾石直径最大可达10 cm,最小3~4 cm。自从桃源溪水库修建后,由于库容量达600万 m³,它能调节洪水期的流量,这对瑶琳洞的安全十分有利。现进口洞水位标高在34.00 m左右。大气降水沿裂隙下渗,并溶蚀岩石,使洞内岩溶发育。

### 三、瑶琳洞的规模(图2-附-6)

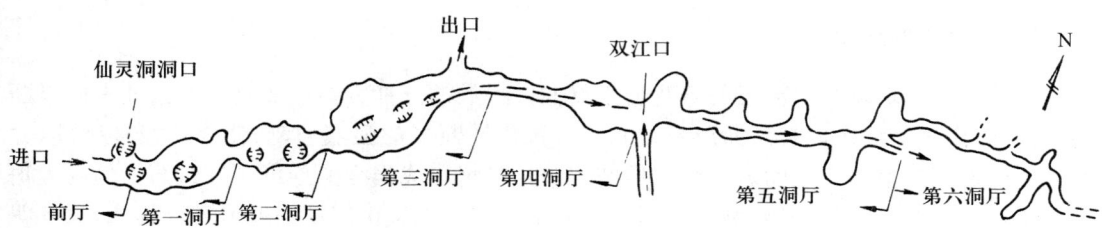

图 2-附-6　瑶琳洞示意图

根据洞内岩溶地貌的形态特征,将主道洞分成六个洞厅。从进口到第一洞厅为"前厅"。下面分别介绍各洞厅的规模及其主要特征。

(一) 瑶琳洞各洞厅的规模

表2-附-2中,"前厅"的规模系目估仅供参考,一洞厅至六洞厅的数据是通过经纬仪测量所得。

表 2-附-2　瑶琳洞各洞厅规模

| 厅段 | 长度/m | 宽度/m | | | 高度/m | | | 面积/m² | 容积/m³ |
|---|---|---|---|---|---|---|---|---|---|
| | | 最大 | 最小 | 平均 | 最大 | 最小 | 平均 | | |
| 前厅 | 30 | — | 15 | — | — | 20 | — | 450 | 9 000 |
| 一洞厅 | 135 | 55 | 11 | 20 | 30 | 5 | 12 | 4 400 | 52 800 |
| 二洞厅 | 110 | 30 | 12 | 20 | 28 | 8 | 12 | 2 390 | 28 680 |
| 三洞厅 | 170 | 70 | 40 | 50 | 37 | 10 | 20 | 9 400 | 188 000 |
| 四洞厅 | 120 | | 20 | | | 15 | | 2 400 | 36 000 |
| 五洞厅 | 250 | | 30 | | | 20 | | 7 500 | 150 000 |
| 六洞厅 | 180 | 5~7 | | | 3~5 | | | 1 800 | 7 200 |
| 总计 | 995 | — | | | — | | | 28 340 | 471 680 |

(二) 各洞厅的特征

前厅:洞底有地下暗河,石笋很少,洞顶及洞壁发育有形状奇特的石钟乳。

一洞厅：以岩溶景物集中、规模巨大为特色。如厅内有一岩溶石幕，又称"岩溶瀑布"，宽13 m，高7 m余，景象之美，可列为"天下奇观"。

二洞厅：地形崎岖，深坑陡壁，在深坑之间的平台上发育众多的石笋，景似"林海雪原"。

三洞厅：为六个洞厅中规模最大的一个厅。它以空间宽旷、景物高低分明、层次清楚、造型优美为特点，构成了"瑶琳仙境"的意境。

四洞厅：水道厅，即地下河在厅内沿河槽流动，河床上有大小不等的砾石，洞内崩塌岩块发育，乱石成堆，双江口位于此洞厅的尾部。

五洞厅：地下河道三露三伏，每段长30～40 m。河床中有砾石沉积，崩塌岩块众多。

六洞厅：以管状式通道为主，支洞较多，有菜花状、珍珠状、珊瑚状方解石结晶，闪闪发光。

### 四、瑶琳洞的成因

瑶琳洞属于坍塌为主而成的石灰岩天然洞穴。洞的延伸方向主要是受本区北东向纵断层的控制，由于受北东向挤压断层及北北西向张扭性断层的强烈切割，使岩体极度破碎，并使早期由地下水溶蚀而成的岩溶洞穴沿断层破碎带坍塌成当今的瑶琳洞。在洞内的巨大坍塌岩块均呈现明显的棱块体，洞顶及洞壁很多地方都是直接由岩层面或节理面构成，没有明显的溶蚀现象，仅在底部地下水流经地段留有溶蚀现象。由于坍塌后的洞体长期处于地下水面以上，洞内石钟乳、石笋、石柱得以充分发育，而这些巨大的坍塌岩块构成了洞内石笋、石柱的基座。

洞内的石钟乳、石柱等均沿节理裂隙分布，其形态与裂隙形状和位置紧密相关。如平直的张开裂隙位置高时，形成气势壮观的岩溶瀑布，位置低时，形成钙壳平台。节理裂隙的交叉点往往发育有良好的石钟乳及细长的石笋，进而发育成石柱。

### 五、关于进出洞口位置问题

（一）关于进口洞

瑶琳洞原来有两个洞，一个仙灵洞，一个"瑶琳仙境"。其中，仙灵洞能通入六个洞厅，而"瑶琳仙境"洞内不深，入内不久就不通了。原设想在"瑶琳仙境"洞内清出一个进口通向仙灵洞。"瑶琳仙境"四个字原是清朝达官显贵在此洞口所题。但经过实际开挖，目前还没有清出可通向瑶琳洞的洞口来，根据上述情况，便在离仙灵洞外不远的呈漏斗状地形的位置，以近乎正东方向开挖而成现在的进口。

（二）关于出口洞

从进口洞进入洞内后，可通向前厅及六个洞厅，而没有可通人的天然出口，还得返回后从仙灵洞出来。但作为一个规模如此巨大的天然洞穴，只有一个洞口进出是十分不安全的，除了找一个合适的位置打一个进口洞外，还必须在适当的位置打一个出口洞。

刚开始只开辟了前厅、一洞厅、二洞厅及三洞厅作为游览的洞厅，故必须在三洞厅附近打一个出口洞。现在的出口洞正好处在地形上是山沟的部位，地质构造上又是属于一个NNW方向的断裂破碎带通过的位置，因此给施工过程带来一定的困难。目前，六个洞厅全部为可游览的洞厅，故进出口的位置设置显得尤为重要。

# 附录四　白鹤岭滑坡简介

## 一、滑坡位置及经过情况

白鹤岭位于湖州西北,离李家巷约 3 km,杭长铁路以近乎南北的方向穿过白鹤岭丘陵。白鹤岭滑坡工点离白鹤岭隧道北洞口约 100 m。线路原以路堑形式通过,路堑高 23.5 m,全长约 200 m。

此段路基自 1959 年开始施工,用大爆破开挖土石方工程。于 1960 年 10 月间初次发生滑坡。当时已筑长约 7 m 的挡土墙,施工中发现挡土墙外移,离线路中心线上方约 30 m 处的边坡上出现滑坡陡坎高达 1~2 m。1961 年 3—7 月,滑坡向上方继续发展,出现第二个滑坡陡坎,陡坎高达 1~2 m。后线路因故停工,当时建议此段线路之北段有待进一步勘测。1968 年线路复工,仍由铁道部第四设计院 415 队进行勘测,共钻孔 7 个,最深钻孔达 25 m,总进尺 122.06 m。根据地质测绘及钻探资料分析,判定为切层滑坡,滑动面发生在地面以下 7~10 m 深度处,并认为停工期间滑坡未发展,仍趋稳定,但若线路进一步施工,滑坡仍有复活的可能。

1969 年初,线路开始复工,提出过的滑坡处理方案有明峒、挡土墙、改线等。如要改线,已建隧道及另有一中桥(两沉井已花费 20 万元)均要报废。考虑到改线损失太大,明峒工程量比较大,决定用挡土墙处理。要求从两端向中间分段修筑挡土墙。设计挡土墙全长 90 m,土压力按 800 kPa 计算,挡土墙分底宽 7.0 m、高 12.5 m 及底宽 5.5 m、高 8.5 m 两种。挡土墙基底设计标高 10.30 m,侧沟沟底设计标高 11.08 m。在第一段挡土墙施工中,发现墙基随挖随涨。第一段挡土墙做好后,当第二段挡土墙放样时,又发现第一段挡土墙已外移,第三段挡土墙施工时,发现第一、二段挡土墙均有外移,逐段发生错移。因问题严重,中间还有 29 m 未修就停工,召开现场会议。会议决定:① 进行大刷坡;② 挡土墙仍可修。于是又修了 15.6 m 的挡土墙,并在施工期间加强对滑坡体位移的观测。晴天每天进行一次观测,雨天每天观测三次。观测结果表明,挡土墙不断外移上升,雨天每天水平位移达 1 cm,上升达 1~2 cm,晴天也有 2~3 mm。因此认为原设计挡土墙做在滑动体上,均不起作用。于是决定停做挡土墙,改设 $R=500$ m 的便线绕过滑块。此时已是 1969 年 11 月底,挡土墙最大外移量已达 90 cm。

1970 年 5 月下旬便线施工时,在 DK204+105—DK204+200 两侧又发生小滑坡。曾把当时的路基拱出 21 cm,其滑坡后缘陡坎高达 2 m。并在后缘上方边坡处有 0.1~0.3 m 宽的裂隙。1970 年 8 月由浙江省水电局再次勘测,挖了两个深井,建议挖台阶形路堑,施工到第三台阶,仍发生滑动。便将挖土回填于挡土墙外侧,阻止挡土墙外移。1970 年底至 1971 年初又由浙江省交通邮政局再次进行勘测,补钻 7 个孔,总进尺 127.76 m,勘探资料与铁道部第四设计院的勘探资料大体一致。

## 二、滑坡地区的自然地理条件

(一)滑坡地区的地貌和气候特征

该区为丘陵地带,滑坡发生于丘陵山坡坡脚处(图 2-附-7),丘陵相对高差为 50~100 m,有宽平的沟谷。山坡自然坡度比较平缓,一般为 20°~30°。该区月平均降雨量

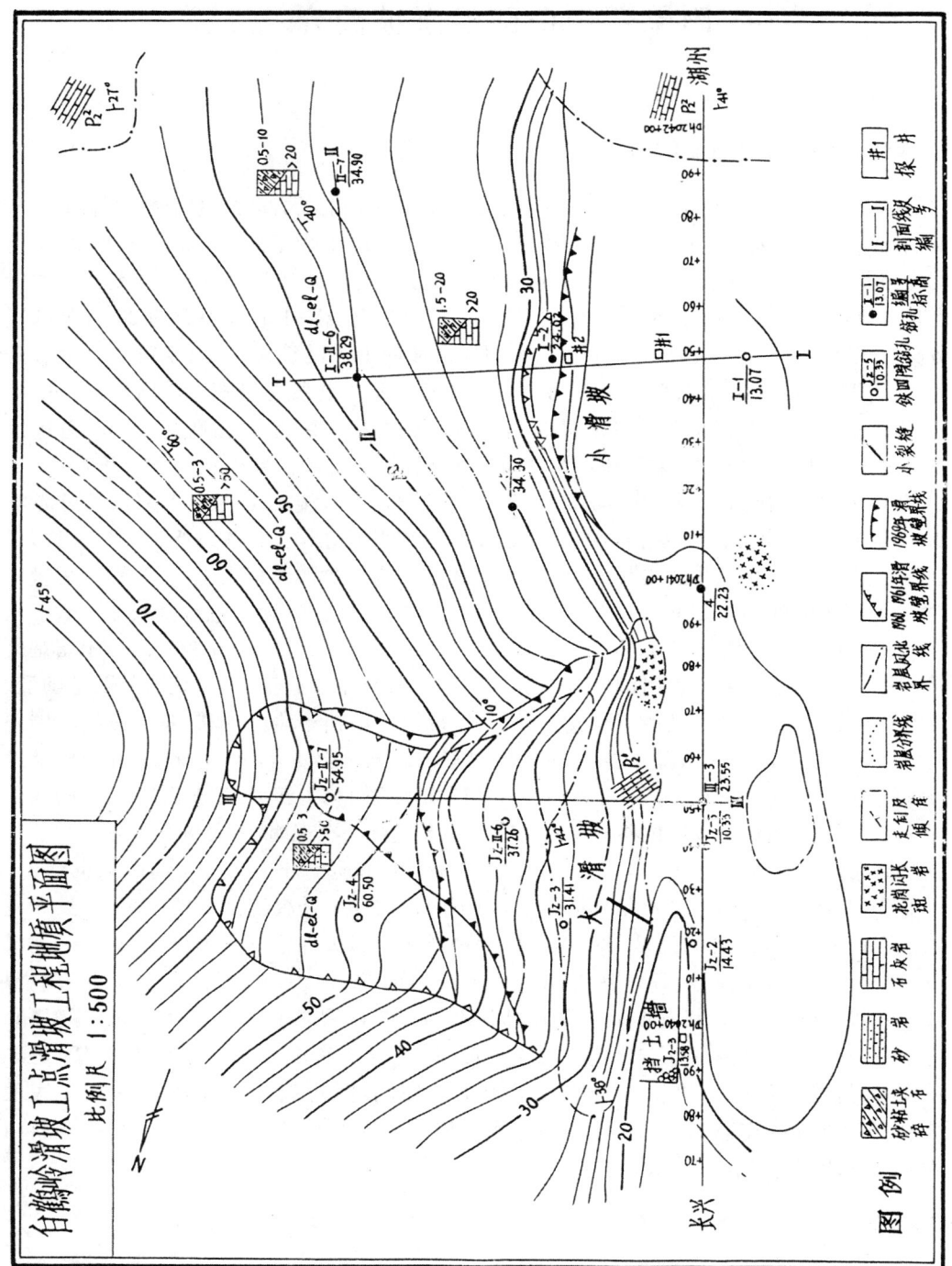

图 2-附-7 白鹤岭滑坡 I 点滑坡工程地质平面图（示意）

最高达 243.9 mm,年平均降雨量为 1 577.5 mm。6—9 月份为雨季,雨量集中。平均最高气温为 39.8℃,平均最低气温为－4.9℃。由于雨量较为丰富,气温相差较大,因而风化作用强烈。

(二)滑坡地区的地层和地质构造(图 2-附-8)

1. 地层

该地区出露的地层有:栖霞组($P_1^1q$)灰岩,孤峰组($P_1^2g$),龙潭煤系($P_2^1l$),长兴组($P_3^2c$)灰岩,青龙组($T_{1+2}q$)灰岩,磨石山组($J_3m$),以及白垩纪的岩浆岩。地层的具体岩性及厚度等,详见前述的实习地区的地层岩性部分。

该地区在地表沉积有第四系残积——坡积层,红棕色褐黄色粉质黏土或黏土,夹砂岩碎石(20%～40%),碎石直径为 5～10 cm,个别可达 50 cm 以上,一般厚度为 0.3～3.0 m,在宽平沟谷底部厚度很大,达 12～18 m。

2. 地质构造

该地区地质构造主要以断裂构造形式出现,断裂分为三组:

第一组:近乎东西向与区域主要褶皱轴平行或微斜交的逆断层。这一组断裂的特点是断距大,断层面倾向北或北北东,形成时代最早,常被后期断裂切割。

第二组:与第一组近乎一致方向的正断层。断层面一般倾向南,倾角 65°～70°,形成时代比第一组晚,也被后期断裂切割。

第三组:与区域主要褶皱轴垂直或斜交的横断层,其倾角甚陡,个别近直立,形成时代最晚,切割第一、第二组断裂。

在图 2-附-8 上,F1,F2,F3,F4 即属第一、第二组断裂,F5 为第三组断裂。

F1 在龟山南部,断层面产状为 SE178°∠64°,断距 500～800 m。上盘由青龙灰岩($T_{1+2}q$)组成,下盘由孤峰组($P_1^2g$)组成,被横断层切割。

F5 长约 600 m,其性质还不完全清楚,推测为一倾角近直立的平移正断层,东盘下降,西盘上升。

与主要断裂相应的在岩层中发育有三组节理:

第一组节理:倾向 SW165°～207°∠51°～70°,这组节理最为发育,节理面光滑,延伸较远,属剪切节理。

第二组节理:倾向 SE156°～175°∠63°～76°,节理发育次于第一组,性质与第一组相同,部分为张节理。

第三组节理:倾向 NE73°～83°及 SW253°∠65°～74°。节理发育次于第一、第二组。显然,第一、第二组节理与本区近乎东西向的断裂一致,第三组节理则与晚期近南北向的横断层有关。

(三)滑坡地段的水文地质条件

在滑坡地段,地表有疏松的残坡积物,下伏基岩节理裂隙极为发育,把岩层切割成碎块,裂隙密度达 15 条/m。岩层风化严重,全风化带和强风化带的全厚度估计超过 25 m。原路堑边坡上方修有截水沟,即使大雨时,沟中也不见有水。可以认为地表水流除一部分由两侧沟谷排走外,大部分渗入地下,成为基岩裂隙水。在个别地段还有上层滞水,但水量不大。

三、大滑坡的工程地质分析

(一)大滑坡的外表形态

1 号大滑坡位于 DK203+985—DK204+082,全长约 100 m,滑坡的外表形态比较明显。参见滑坡工程地质平面图(图 2-附-7),实测地质剖面图见图 2-附-9。由于多次滑动,形成几

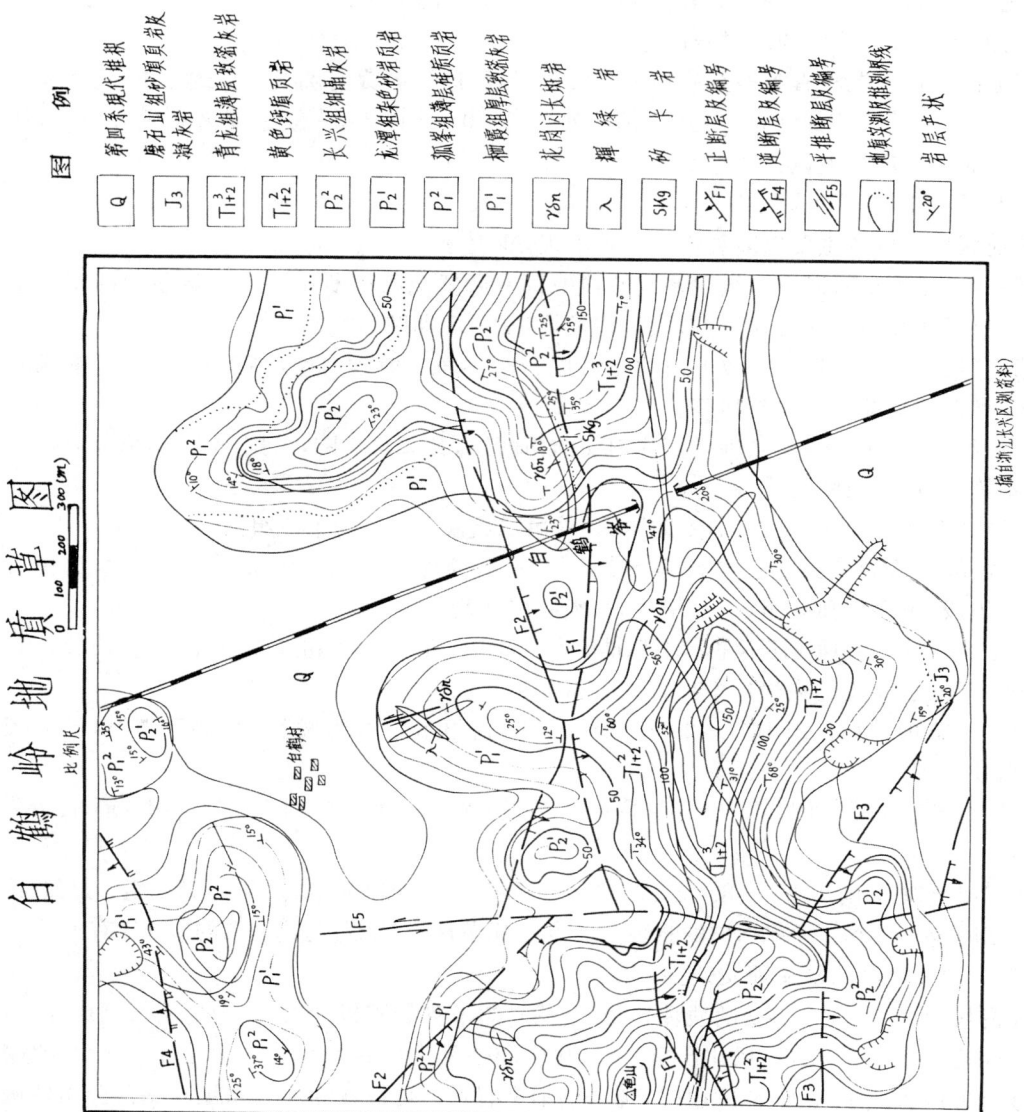

图2-附-8 白鹤岭地质草图(示意)

(摘自浙江区测资料)

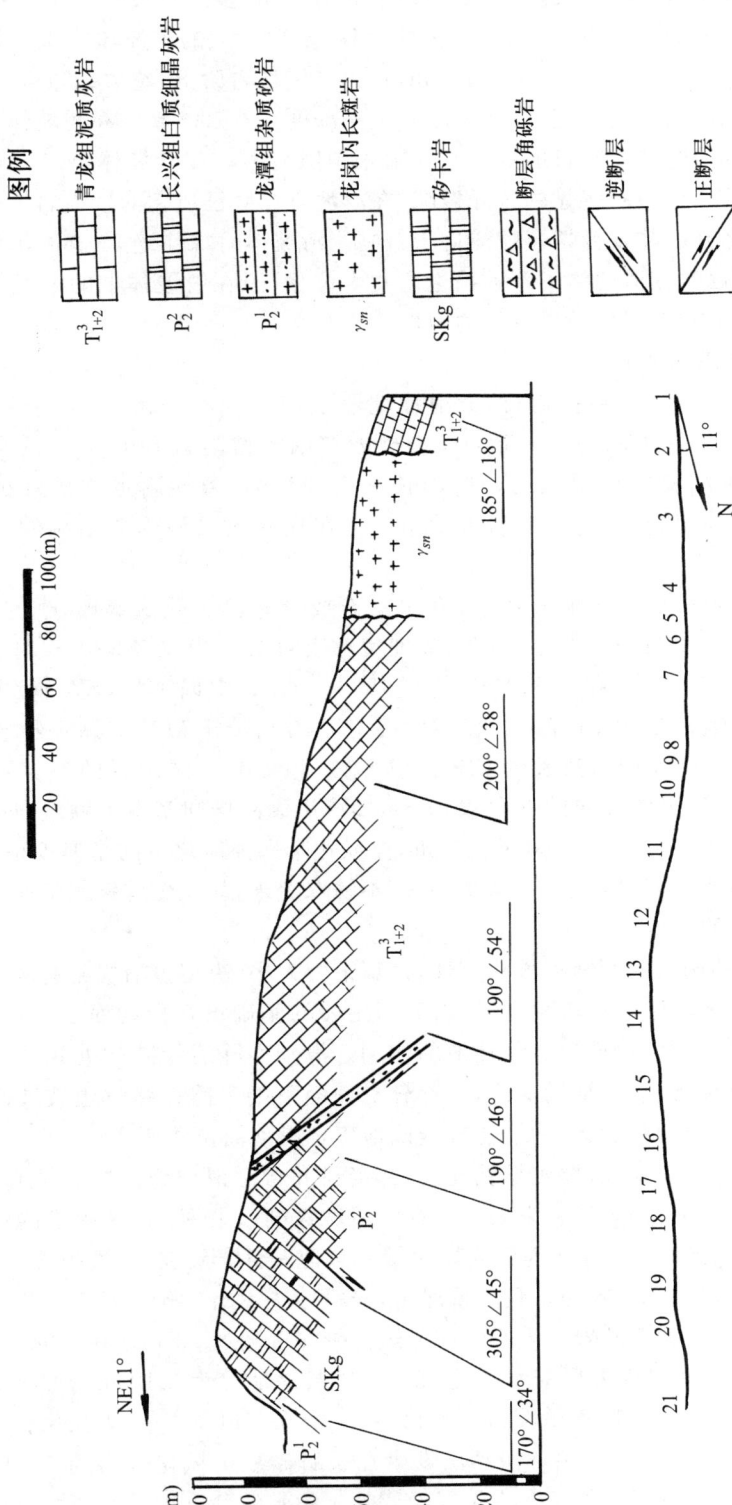

图2-附-9 白鹤岭地区实测地质剖面图

个滑坡台阶,有近乎直立的滑坡陡坎,最高陡坎高达 4 m 多。滑坡体的上部边缘离线路约 100 m。在滑坡体后部与陡坎间,由于土体的滑移,出现巨大的未充填的张开裂隙。在第一滑坡台阶上,裂隙宽 0.1～0.3 m,深达 1.0 m,在第二滑坡台阶上,左边裂隙宽 0.2～2.0 m,可见深度 0.5～2.0 m,右边裂隙宽 0.3～0.4 m,可见深度 0.2～0.3 m。在滑坡体上部边缘的外侧,有与滑坡上部边缘基本平行的短小不规则张裂隙多条。在滑坡体第二台阶右侧砂岩中可见滑坡擦痕,砂岩中还有明显的张开裂隙,在滑坡体左侧已风化的侵入岩体中可见带有镜面的剪切裂隙,张开裂隙及剪切裂隙均近于直立。滑坡体后缘陡壁上,亦有清晰可见的擦痕及张开裂隙。原修筑在滑坡体下部的挡土墙发生位移,原在滑坡体上的电线杆因发生明显的位移和倾斜已上移至滑坡周界以外的山坡上。

(二) 滑坡地段的地质条件

根据已有地面调查和钻孔资料,大滑坡地段地表为 0.3～3.0 m 厚的疏松残坡积物,下伏岩层为极易风化的龙潭煤系($P_2^1l$)长石砂岩。因滑坡附近有 F1,F2 两个大的断层通过,以及受沿东西向构造线侵入的花岗闪长斑岩的影响,致使附近岩层被极为发育的节理切割得非常破碎,风化严重。大滑坡就是发生在这些受强烈构造影响的长石砂岩全风化带中。

该风化长石砂岩呈灰绿至灰黄色,其中长石成分多已风化成高岭土,呈白色条带状,岩层产状 SE170°～SW182°∠36°～56°。节理裂隙发育有三组:NW320°～340°∠50°～60°,SW188°～254°∠55°～60°和 NE20°～45°∠45°～70°,其中以 NW,SW 两组裂隙最为发育,属张裂隙,裂隙密度达 15 条/m,裂隙间多充填有高岭土和其他黏土物质。按线路经过此段的方向来判明裂隙对边坡的威胁性,以第二组 SW 方向倾斜的裂隙对边坡的稳定性起控制作用,它与边坡方向的夹角仅为 6°,即该组裂隙倾向基本上顺坡向(注:线路方向 NW337°;边坡倾向 SW247°),砂岩风化严重,全风化带和强风化带的全厚度估计超出 25 m。钻进过程中,漏水严重,冲洗液回不上来,岩芯不易取上来,易发生埋钻和卡钻事故。

(三) 滑动面的分析

滑动面位置的确定对判断滑坡稳定性,计算推力大小,决定整治措施有着关键作用。对于大滑坡原先由于对滑动面判断错误,以致挡土墙的基础设在滑动面以上,当滑坡体滑动时,挡土墙也与之一起滑动而未起到挡滑的作用。滑动面除后缘陡坎处暴露出一部分上端之外,大部分埋在地下(有时滑动面浅,一部分滑动面下端暴露在路堑边坡坡面上),必须对勘测资料进行综合全面的分析,才能比较准确地确定滑动面位置所在。

在滑坡体内部的滑动面,要根据钻孔、探井资料并参照滑坡地段的岩性和地质构造(如岩层产状、软弱面的分布)等资料来确定。在大滑坡纵剖面上,孔 J3-3 提供的资料说明地表为厚 6.87 m 的人工杂填土,其下为砂岩风化带。节理发育岩层破碎,裂隙充填了红棕色、黄褐色的黏土物质,但在 7.0 m 处钻孔严重漏水,岩粉冲洗不出。孔 J2-2-6 的资料说明地表为 0.8 m 厚的残坡积物,其下砂岩全风化带和强风化带深度超过 23 m。在 6.96～7.25 m(标高 30.01～30.30 m)深处出现上层滞水。孔 J2-2-7 资料是地表为 2.10 m 厚的残坡积物,其下砂岩全风化带在 10.84～11.64 m(标高 44.11～43.31 m),以下 7 m 为强风化带,计 18.6 m 厚。地下水位埋深 19.30 m。估计滑动面发生在长石砂岩全风化带内约 7～10 m 深度处。在滑动面处,岩石破碎严重,往往含水量很大或处于积水的黏土物质上,黏土物质富水软化,强度降低,成为滑动的软弱面。

滑动方向可以按分布于滑坡体中、后部的弧形张裂隙方向作初步判断,即滑动方向与张裂隙方向大致垂直。当然,更准确的滑动方向判别,可通过对滑坡体上各点进行位移观测来实现。

(四)滑坡的类型及原因分析

大滑坡为发生在风化岩层中的切层滑坡,按其力学特征为牵引性质的滑坡,具有两个以上滑动面的深层滑坡,滑动面为折线型。

其发生原因如下:

(1) 主要是滑坡区范围的龙潭煤系长石砂岩,遭受剧烈的构造破坏以致节理极为发育,岩层破碎严重。虽然线路经过滑坡区的方向与长石砂岩的走向接近30°角度相交,一般认为岩层产状对边坡的稳定性没有什么不利影响,但发育的一组SW254°∠55°节理恰是顺坡向的,这组裂隙的存在形成一个不利的软弱面,使边坡产生切层的滑坡,这是造成滑坡的根本原因。

(2) 由于长石砂岩抗风化能力较弱,加之岩层受构造破坏后,节理发育,为大气降水渗入边坡体内增添了大量通道,特别是其中长石风化成的高岭土,富集充填于裂隙之中,当高岭土受浸润后软化,强度降低,使原先节理面更进一步形成一个软弱面。这是造成滑坡的内因。

(3) 残坡积层和风化砂岩疏松易渗水,加上原路堑上方修筑的截水天沟未做浆砌,致使滑坡体外的水大量向滑坡体渗入,滑坡区的残坡积层也是疏松易于渗水的,因此,大量地表水的下渗,既增加大滑坡体的重量和渗水压力,又降低软弱面上黏土充填物强度,在通过内因起作用的基础上造成滑坡现象。故往往发现雨季滑坡滑动得快些,干旱季节则会好一些。

(4) 人工开挖路堑边坡失去坡脚支撑,这个滑坡是首先靠边坡上方发现裂缝然后逐年向上发展的,因此,分析滑坡为牵引式。这种力学特点与人工开挖坡脚有直接的关系。

## 四、小滑坡的工程地质分析

(一)小滑坡的外表形态

滑坡位于DK304+105—DK204+200,在线路两侧均有,但线路左侧发展较快,该滑坡全长70.00 m,距线路中心线约50.00 m,滑坡外表形态亦较明显,见滑坡工程地质平面图(图2-附-7),只是经挖方卸荷处理后,外形有些被破坏。

(二)滑动面的分析

滑坡体下缘,沿线路出现不少泉水,有的自坡脚流出,也有的在路基面边上呈泉眼形式从地下往上冒水。这说明滑动面的前缘(即滑坡舌)的位置就在边坡坡脚处或在路基以下不深的地方。

再根据钻孔的揭示,1号探井(井1)井口以下2.5 m(标高10.26 m)为坡积残积土,岩性为棕红色黏土夹砂质页岩碎块,在此层以下有一层厚0.02~0.20 m含少量粉砂的软塑状态黏土层,其下为黄褐色致密的残积黏土,二叠纪长兴灰岩。孔1—2残坡积层厚度达13.7 m,以下即为长兴灰岩。当钻进至6.7 m深度处出现漏水现象。地下水位约7.0 m。至8.0 m深度以下为残积层致密黏土夹少量石屑,透水性差。在孔1—6中,残坡积层厚度达18.4 m,地下水位在灰岩中,深度达19.6 m,这一水位与孔1—2的地下水显然不是同一含水层。孔1—2地下水位和土质变化处,就是滑动面位置,故估计在孔1—2中,滑动面位置在7.0~8.0 m深度处。在井1中地面以下2.5~2.7 m土呈软塑状态处为滑动面位置。

滑动面的位置就是这样根据钻孔、探井、滑坡陡坎位置及坡脚泉水出露位置来分析判断的。

(三) 滑坡的类型及原因分析

由于小滑坡所在的山坡,松散覆盖层之下的基岩顶面的起伏恰是一沟槽地形,此沟槽与一断层破碎带的存在有关,因此,这里残坡积层厚度很大,最厚处达 18.4 m。残坡积层为红棕色、黄褐色黏土夹风化砂岩碎块(含量为 10%~30%),小滑坡即发生在残坡积黏性土层中,为均质滑坡,滑动面呈圆曲线型牵引式。

滑坡发生的主要原因是大气降水渗入疏松残坡积层、路堑边坡过陡和开挖土方破坏山坡平衡所致。

### 五、白鹤岭滑坡整治工程

工程措施如下(见图 2-附-10、图 2-附-11)。

(1) 线路取直。将不符合标准的三个小半径取消,改直。起始点为 DK203+623.5—DK204+235.21,长 611.71 m。路基宽 4 m,采用 50 kg/m 的钢轨用弹条扣件。81 型钢筋混凝土枕轨,1 760 根/km,双层道床,石碴厚 25 cm,底碴厚 20 cm。

(2) 在两滑坡范围以外,设环线截水沟一道,水沟断面为梯形,以 #50 浆砌片石加固,平均沟深 0.5 m,长 400 m。按平面图的位置并结合现场地形条件设置;截水沟距滑坡陡壁边缘不得小于 5 m,在 DK203+970 和 DK204+210 两处各设吊沟一处。

滑坡内的裂缝均以黏土夯填密实。

(3) 1 号大滑坡整治方法如下。

① 滑坡体刷方减重:1991 年 6 月前已刷方 14 300 m³。

② 刷方后,其山坡采用 #50 浆砌片石护坡防护,厚 0.3 m,并设伸缩缝 4 道,缝内以沥青木板填塞,深 0.2 m。整个浆砌片石护坡每隔 2~3 m 以梅花形排列方式设置泄水孔,直径为 10 cm。在 DK204+044 处设检查踏步 1 道。

③ 设锚固抗滑桩两排,上排锚固桩(A 型)10 根,间距 6 m,截面尺寸为 2 m×2.75 m,长 18 m,下排锚固桩(B 型)16 根,间距 6 m,截面尺寸为 3 m×3.5 m,长 18 m。

④ 在 DK204+040.4—DK204+068.6,长 28.2 m 之间设 #75 浆砌片石挡墙,墙后设 0.5 m 厚砂砾石反滤层,路肩以上墙身每隔 2 m 上、下,左、右交错设置泄水孔,直径为 10 cm。在 DK204+040.4,+054.5,DK204+068.6 处分别设伸缩缝 1 道,缝内沿墙顶、内、外以沥青木板填塞,深 0.2 m。墙趾前施工开挖线内以 #75 浆砌片石回填,墙后超挖部分以干砌片石回填。

⑤ 既有挡墙利用,其侵入铁道净限的部分拆除,其中喷射钢筋混凝土加固,厚 5 cm,其下部分设 C15 混凝土贴面,厚 40 cm,高 2 m,以直径为 10 cm 螺纹钢筋作钎钉与既有挡墙连接,钎钉孔径为 5 cm,其内灌 #300 水泥砂浆,钎钉竖向及水平间距均为 0.5 m,疏通既有挡墙泄水孔。若泄水孔数量少,则按间距 2~3 m 上、下、左、右排列的要求增设泄水孔。

(4) 2 号小滑坡整治方法如下。

① 在 DK204+083—DK204+180.75 之间设桩板墙,墙后设 0.5 m 厚砂砾石反滤层,桩板墙两端利用锚固桩的护壁与浆砌片石挡墙贴紧,厚度不足者,则以沥青木板填塞,桩板墙的锚固桩间距为 6 m,分 C、D、E 三种类型,挡土板分甲、乙、丙三种类型。第 #38 桩与第 #39 桩厚度相差 0.75 m,在设挡土板时,事先应在第 #39 桩后北侧设 C15 混凝土垫块,宽 0.2 m,厚 0.75 m,高 0.35 m。在两锚固桩间与挡土板前设 #75 浆砌片石,侧沟平台及侧沟外壁厚 0.3 m。

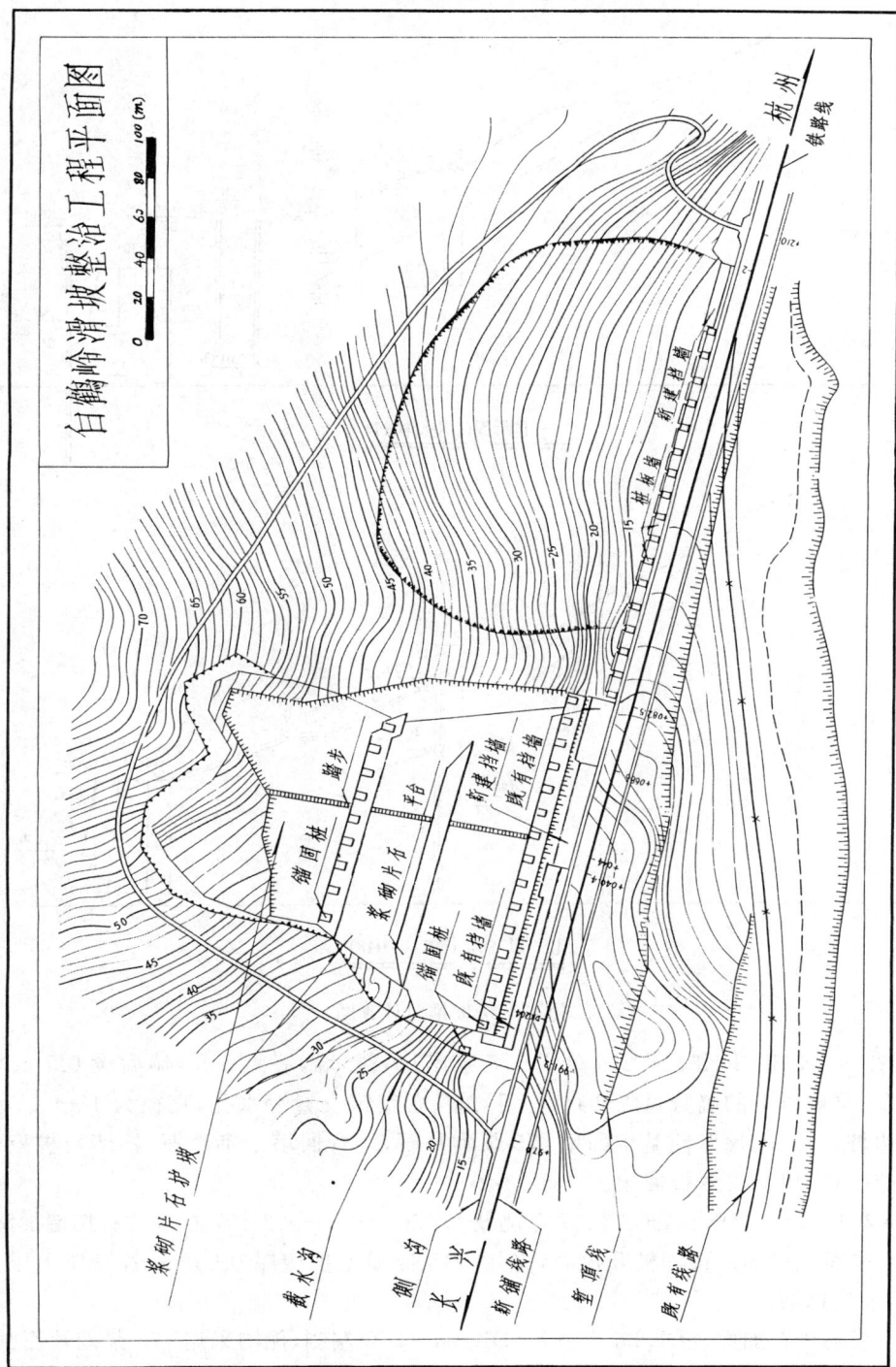

图 2.附-10 白鹤岭滑坡整治工程平面图（示意）

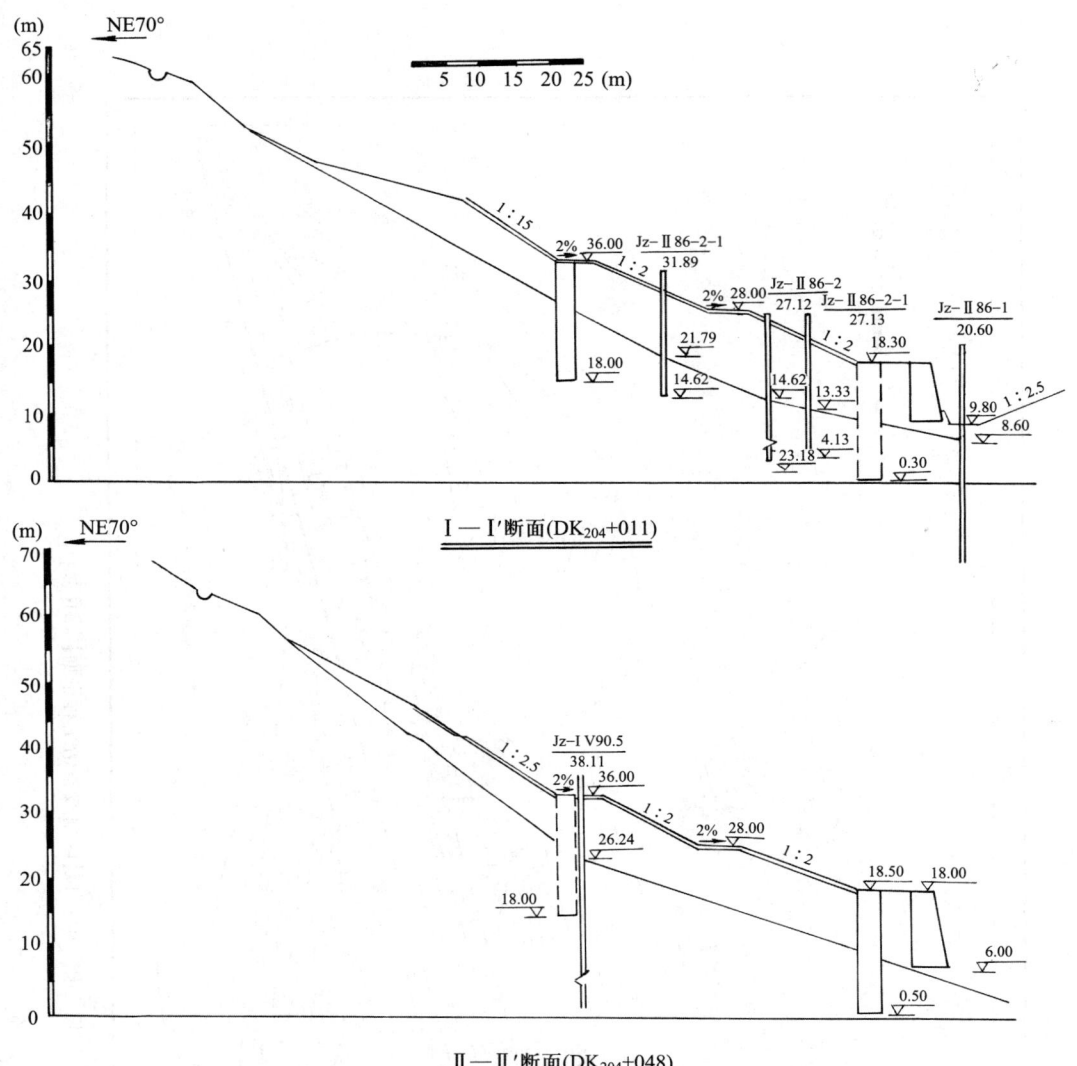

图 2-附-11 滑坡推力计算图

② DK204+181—DK204+200 处设 #75 浆砌片石挡墙,墙高 5 m,墙后设 0.5 m 厚砂砾石反滤层,路肩以上的墙身每隔 2 m 上、下、左、右交错设置泄水孔,直径为 10 cm。挡墙施工开挖边坡 1∶0.3,墙趾前基坑回填 #75 浆砌片石,墙背回填干砌片石,挡墙与桩板墙之间设伸缩缝一道,以沥青木板回填。

③ DK204+147—DK204+222.57 左侧及 DK204+200~222.57 右侧既有挡墙拆除。

(5) 用锚固桩加固。锚固桩开挖时,采用 C15 混凝土护壁厚 0.25 m,若发现土压力过大,可适当加设钢筋。

(6) 用浆砌片石加固。DK203+991—DK204+200 左侧,侧沟采用 #75 浆砌片石加固,其余地段侧沟均以 #50 浆砌片石加固。

**六、施工期间注意事项**

（一）滑坡整治施工

1号滑坡应先进行滑体减载，然后修建锚固桩，2号滑坡应先修建锚固桩，在所有锚固桩施工完毕并达到设计强度后，方能开挖路堑。

（二）锚固桩施工

锚固桩应采用跳桩施工，最好先施工上排桩，后施工下排桩。

（三）挡墙施工

挡墙应采用跳槽施工。

（四）滑体减载施工

滑体减载时，由线路中心至左侧15 m范围内不得开挖，线路右侧更不能开挖，以免影响滑体稳定。

（五）施工材料

有关砂石、混凝土、钢筋等材料选择以及施工工艺等，均遵照有关规定办理。

以上滑坡整治资料于1992年4月在武康工务段线路室搜集。

# 附录五  复习思考题

## 一、地层部分

1. 杭州实习区发育有哪些地层？
2. 以某一岩层或标本为例进行岩性描述。
3. 如何区别唐家坞组与西湖组的岩性？
4. 如何区别黄龙组与船山组的岩性？
5. 什么叫层理？如何观察野外层理？
6. 试分析栖霞组灰岩的特征及其形成的古地理环境。
7. 分布在宝石山的岩石属哪一类？它们是如何形成的？
8. 本区白垩系的岩性特征是什么？
9. 描述之江层岩性的特征，分析其成因。
10. 举例说明本区地层间有哪些是整合接触、假整合接触及角度不整合接触。

## 二、地质构造部分

1. 野外如何认识向斜、背斜构造？举例说明。
2. 试指出西湖复向斜是由哪些次级褶皱组成？展布规律如何？
3. 在野外如何确定断层的存在？依据是什么？
4. 如何区别断层与节理？
5. 分析栖霞岭断层的存在原因及其性质。
6. 杭州实习区可以见到哪几种类型的断层？举例说明。
7. 杭州实习区主要发育有哪几组断层？
8. 你是怎样进行节理调查的？结合你的调查结果，试分析本区构造形成时的受力特点。
9. 西湖是如何形成的？
10. 分析并图示梯云岭断层的性质。

## 三、野外工作方法部分

1. 讲出地质罗盘仪各主要部件的名称，并实际操作用罗盘仪测出岩层的走向、倾向及倾角。
2. 以某一实际目标为例测量其所在的方位及观测点间的相对地形坡度角。
3. 野外应如何选择和布置地质调查路线？
4. 以调查路线上某一实际地质点为例说明每个地质点应观测和调查哪些内容。
5. 在现场以实例说明岩层层面、层理面及节理面的区分识别方法。

6. 在本区选择一条实测地层剖面线,并说明在实测剖面工作中如何组织和分工。
7. 实测剖面线上应如何确定实测点?如何进行地质分层?应注意哪些问题?
8. 以某实例用交会法并结合地形、地物,确定该地质点的位置并标绘在地形图上。

### 四、水文地质部分

1. 简述河流凹岸、凸岸形成的水动力条件及其特征。
2. 丁字坝或顺坝的作用是什么?
3. 钱塘江阶地是怎样形成的?它的特点是什么?阶地与河漫滩有什么不同?
4. 棋盘山背斜谷是如何形成的?
5. 选择大桥桥址的原则是什么?
6. 地下水根据什么可分为潜水、承压水和上层滞水?又根据什么可分为孔隙水、裂隙水和岩溶水?两种分类之间有什么关系?
7. 试述潜水、承压水和上层滞水的基本特征。
8. 古荡泉是如何形成的?气泡产生的原因是什么?并简述古荡泉水的补给来源。
9. 何为上升泉?何为下降泉?
10. 简述五洞桥下降泉的形成原因以及该泉水的补给来源。
11. 龙井泉是如何形成的?并请讨论龙井泉水的补给来源。
12. 本次实习中,见到了哪几种类型的泉以及泉的出露地点?
13. 本次实习中,见到了哪几种由于流水地质作用而形成的地貌单元?
14. 在实习路线上,看到了哪些地貌单元?

### 五、洞室工程地质部分

1. 何为岩溶(喀斯特)?
2. 杭州地区能见到哪些天然溶洞?
3. 形成天然洞穴应具备哪些条件?
4. 地表及地下的岩溶形态有哪些特征?
5. 杭州出露的紫来洞与紫云洞洞体特征有哪些不同?
6. 在灵山洞或瑶琳洞内能见到哪些岩溶形态?举例说明。
7. 如何评价天然溶洞的稳定性?
8. 杭州地区天然溶洞分布规律如何?
9. 如何分析地壳升降运动与洞穴分布的关系?
10. 紫云洞和水乐洞目前发育情况如何?
11. 在玉皇山上能见到哪些岩溶(喀斯特)现象?
12. 为什么在有些石灰岩出露处却看不到有溶洞出露?
13. 在杭州地区出露的可溶岩有哪些地层?哪些岩溶(喀斯特)是非可溶岩地层?
14. 如何利用天然溶洞?
15. 人工洞与天然洞有何区别?
16. 人工洞的位置应如何选择?试说明其与地质条件的关系。
17. 选择人工洞进、出口位置应注意什么问题?

18. 对人工洞室应如何进行稳定性评价？
19. 如何选择理想山体作为人工洞室的洞址？
20. 人工洞室的类型有哪些？
21. 浙江大学附近老和山中的人工洞室是什么类型的洞室？
22. 宝石山地区的"宝石会堂"是属于什么类型的洞室？
23. 玉皇山地区"地下粮库"的进口位置选择得如何？
24. 人工洞室稳定与否与工程地质条件关系如何？
25. 为什么选择一个人工洞室特别要注意工程地质条件的优劣？
26. 洞轴线方向与地质构造的关系如何？
27. 如何评价进、出洞口的工程地质条件？

## 六、边坡工程地质部分

1. 何为边坡（斜坡）？
2. 边坡变形破坏的类型有哪几种？
3. 什么叫做崩塌？
4. 什么叫做错落？
5. 什么叫做滑坡？
6. 边坡破坏类型相互之间的区别如何？
7. 试分析边坡破坏的主要内、外因。
8. 水在边坡变形破坏中起的作用如何？
9. 杭州地区存在哪些类型的边坡变形破坏？
10. 钱塘江沿岸地区在以前为什么经常发生边坡失稳现象？
11. 徐村附近江边发生的失稳是属于什么类型的边坡破坏？
12. 钱塘江沿岸地区出现边坡破坏的主要原因是什么？
13. 现在在钱江沿岸采取了哪些工程措施？
14. 白塔山铁路路堑边坡与铁路线路的关系如何？
15. 为什么开挖公路或铁路路堑边坡后常出现边坡失稳现象？
16. 白鹤岭铁路隧道位置选择的工程地质条件如何？
17. 为什么火车开出白鹤岭隧道后，铁路线路要以大半径弯道引出？
18. 白鹤岭出现两个滑坡的主要原因是什么？
19. 引起白鹤岭大滑坡产生的主要内、外因素是什么？
20. 白鹤岭地区的地质环境对形成滑坡有何影响？
21. 白鹤岭大滑坡发生后，前后采取了哪些工程措施？效果如何？
22. 现在在白鹤岭地区，将铁路由弯取直，对大、小滑坡应如何处理？
23. 为什么以前在白鹤岭大滑坡中采用的挡墙、天沟（排水沟）这些工程措施都不管用？
24. 白鹤岭大滑坡是属于什么类型的滑坡？为什么？

## 七、其他

1. 什么叫风化作用？实习区有哪几种类型的风化作用？

2. 什么叫球状风化？它是如何形成的？
3. 试分析本区水质及土壤污染的主要原因是什么，今后应从哪些方面入手进行防治。
4. 实习区内，你在哪些地方观察到地基不均匀沉降及建筑物破坏现象？试分析其产生的原因。
5. 试以地质构造、断裂活动性分析本区未来的潜在震源区。
6. 由闲林埠钼铁矿区的地层、岩体及地质构造，试分析该矿床的成因类型。
7. 为什么杭州地区有多种的风景资源？它们是如何形成的？

# 第三篇　苏州地质教学实习区

## 第一章　苏州地质教学实习区地质概况

### 第一节　概　述

苏州市位于江苏省南部、沪宁铁路线上，交通方便，地理坐标为东经 120°0′、北纬 31°21′。自然地理位置属长江下游平原、长江三角洲南部边缘。

苏州地区属海洋性气候，温和湿润，降雨量充沛，河湖水系发育，加之地处长江下游平原，土地肥沃，农业发达。"上有天堂，下有苏杭"，文物古迹和独具一格的苏州园林艺术使它自古就是有名的游览胜地。

教学实习区位于苏州市西郊阳山—木渎镇一带，包括虎丘山、横山、天平山、灵岩山、砚瓦山、西阳山等，属低山丘陵区。

### 第二节　苏州地质教学实习区地层

教学实习区东北部为第四系所掩盖，中部横山、狮子山、观音山、金山、天平山、灵岩山、团山、大洛山、五峰山一带出露花岗岩，称为"苏州花岗岩"。岩体周围及正山、砚瓦山、和尚山等出露有上二叠统龙潭组地层，外围南、西侧的横山、福寿山、七子山、吴家山、穿窿山、玉屏山、五龙山、西阳山一带为泥盆系地层所环绕，泥盆系与上二叠统龙潭组地层之间有石炭系及下二叠统地层零星出露，虎丘山、何山、阳山分布有上侏罗统火山碎屑岩。现分述如下（附图 3）。

**一、沉积岩**

从老至新依次如下。

1. 泥盆系（D）

（1）下中泥盆统茅山群*（$D_{1-2m}$）：实习地区内仅出露其上段地层。下部为褐黄色中厚层细粒岩屑石英砂岩；中部为灰褐色中厚、薄层泥质粉砂岩，夹细粒岩屑石英砂岩；上部为灰褐、灰紫色中厚层细粒岩屑石英砂岩、细粒石英砂岩、泥质石英砂岩。厚 643 m 以上。横

---

\* 茅山群地层归属有争议，有人认为应归属晚志留统。

山、福寿山、穹窿山、五龙山、西阳山一带广泛出露。

(2) 上泥盆统五通组($D_3w$):下段为灰白色厚、中厚层含砾粗粒石英砂岩、中粗—中细粒石英砂岩,夹粉砂质泥岩,厚61～174 m。上段为灰紫、紫红等杂色粉砂质泥岩、夹泥质粉砂岩、石英砂岩,上部局部夹含砾石英砂岩,厚258 m以上。五通组中白色质地纯净的石英砂岩可开采用作制玻璃原料。与下伏茅山群呈假整合接触。七子山、王家山、玉屏山、小茅山、西阳山一带有出露。

2. 石炭系(C)

(1) 下石炭统高骊山组($C_1g$):浅灰、深灰绿色及杂色中厚—薄层细粒石英砂岩、泥质粉砂岩及粉砂质泥岩之互层。砂岩成分以石英为主,铁、钙质胶结,常含白云母片,产植物化石。本组夹黏土岩,可开采作陶瓷原料,厚72 m以上,假整合于五通组之上。

(2) 中石炭统黄龙组($C_2h$):灰白、浅肉红色厚层石灰岩,底部为白云岩、含砾白云岩和石英底砾岩,产䗴类化石,厚126 m,与下伏高骊山组呈假整合接触。

(3) 上石炭统船山组($C_3c$):浅灰、灰黑色隐晶质石灰岩和球状石灰岩,产䗴类化石。厚55～58 m,假整合于黄龙组之上。

石炭系地层,仅见于五龙山南东小茅山一带,零星出露。

3. 二叠系(P)

(1) 下二叠统($P_1$)。

栖霞组($P_1^1q$):深灰—灰黑色中厚层隐晶质石灰岩,局部夹薄层石灰岩,含燧石团块,底部为钙质泥岩,产珊瑚及䗴类化石,厚128 m以上,与下伏地层假整合接触,西阳山及阳山东坡零星出露。

堰桥组($P_1^2y$):下部硅质页岩段为灰黑、黄褐色页岩、粉砂质泥岩,有时下部为硅质页岩及燧石薄层,含少量泥质结核,产菊石及腕足类化石,厚26～35 m。中部砂页岩段为灰黑、灰绿色薄层页岩、粉砂质泥岩、泥质粉砂岩,夹少量细砂岩,产腕足类化石,厚96～153 m。上部长石砂岩段为灰白、褐黄色长石石英砂岩,上部夹透镜状砂质石灰岩3～4 m,顶部有数米泥岩,产菊石及腕足类化石,厚约47 m。本组整合于栖霞组之上,灵岩山南麓、正山北坡、西阳山、阳山一带零星出露。

(2) 上二叠统($P_2$)。

龙潭组($P_2^1l$):下部含煤段为浅灰、灰黑色中薄层泥岩、粉砂质泥岩,夹粉细砂岩、长石砂岩及灰岩透镜体,含煤层,产植物化石,厚约85 m。中部海相段为浅灰、灰黑色中厚层泥岩和粉砂质泥岩,局部见少量粉、细砂岩条带和薄层胶磷矿,产菊石、腕足类、瓣鳃类化石,厚约79 m。上部含煤段为深灰、浅灰色中薄层粉砂岩,夹粉砂质泥岩、细砂岩,含不稳定煤层,产植物化石,厚60 m以上。与下伏堰桥组整合接触。本组海相段之青灰色泥岩质地坚韧,当地开采制作砚台颇有名气。灵岩山西麓、和尚山、砚瓦山一带出露较广。

4. 长兴组($P_2^2$)及三叠系(T)

本组地层,实习地区未见出露。

5. 侏罗系(J)

(1) 本区下、中侏罗统地层缺失。

(2) 上侏罗统吴县组($J_3w$):主要为中酸性和酸性火山碎屑岩,虎丘山出露较广,层次清晰。简述如下:下部以火山角砾岩为主,角砾呈棱角状,粒径2～5 mm不等,成分以英安岩

111

和流纹岩为主,少量为石英岩、燧石、砂页岩等,含长石及少量石英晶屑,火山灰胶结。向上逐渐过渡为含角砾晶屑凝灰岩;暗紫红色熔结凝灰岩,主要由暗紫色塑性岩屑及少量长石、石英晶屑组成,定向分布具假流纹构造,有时具扁平拉长的气孔状构造;以及黄白色晶屑凝灰岩,有时夹薄层凝灰岩。吴县组厚约800 m,与下伏地层呈不整合接触。阳山北坡、何山、虎丘山均有出露。虎丘山火山碎屑岩层理清晰,倾角平缓,约5°~8°。受几个方向的垂直节理切割,构成宽阔的平台[如千人(血)石]及重叠壁立的山岩,有泉水涌出,景色独具一格,是苏州市区的名胜之一。

6. 白垩系(K)

实习区内此地层未出露,古近系(E)和新近系(N)本区缺失。

7. 第四系(Q)

地表所见多为$Q_4$地层,平原区主要为河湖沉积的灰、灰褐、青灰色黏土、粉质黏土,含铁锰质沙层和泥炭层,含现代植物及贝壳碎片,半山区为残坡积相的砂砾层、砂质粉土层、粉质黏土层等。

## 二、岩浆岩

教学实习地区内岩浆活动频繁,岩浆岩分布较广,区内较大的岩体有苏州花岗岩岩体、城隍山石英斑岩岩体、阳北次英安斑岩岩体等,本次实习主要观察苏州花岗岩岩体。

苏州花岗岩是一个多期侵入的复式岩体。产状为岩株,是深部更大岩体的隆起部分,与围岩接触面北侧较平缓为约30°,南侧较陡一般为70°左右。据其侵入地层的时代主要为三叠纪以前地层,结合同位素年龄测定,侵入时代为侏罗纪,属燕山运动早期的产物。依据岩性差异、接触关系及同位素年龄测定,可将苏州花岗岩进一步划分为三期侵入,分述如下。

(1) 第一期含角闪石黑云母花岗岩($\gamma_5^{2-1}$):青灰、肉红、灰白色,风化后呈灰绿色,粗粒似斑状结构;斑晶5%~15%为粗、中粒,主要为钾长石及少量斜长石、石英,基质为细粒,除斑晶成分外还含黑云母及角闪石。长石含量45%以上,石英含量为25%~30%,黑云母含量为3%~7%,角闪石含量为1%~7%。经同位素测定,其年龄为1.95亿年左右。出露观音山、大洛山一带。

(2) 第二期粗粒黑云母花岗岩($\gamma_5^{2-2}$):肉红色,中、粗粒结构,粒径3~5 mm,成分以钾长石为主(含量约60%),其次为石英(含量约30%),少量斜长石(含量约7%)及黑云母(含量约3%)。横山、灵岩山、天平山、高景山、五峰山一带广泛出露。

粗中粒斑状黑云母花岗岩($\gamma_{5(\pi)}^{2-2}$):与粗粒黑云母花岗岩同期侵入,两者为相交关系,后者是前者的相变岩石,亦为肉红色,但具似斑状结构。斑晶为粗、中粒,粒径为3~6 mm,主要为钾长石及石英,基质为细粒显晶质,由钾长石、石英、少量斜长石及黑云母组成。矿物含量比例与前者相似。天平山、焦山、金山、天池山、团山一带均有出露。

第二期花岗岩同位素测定年龄为1.77亿年,是本区岩体的主体岩石。

(3) 第三期中细粒黑云母花岗岩($\gamma_5^{2-3}$):灰白、浅肉红色,细粒、中细粒结构,矿物成分主要为钾长石及石英,含少量斜长石及黑云母,长石含量为35%~70%,石英含量为25%~30%,黑云母含量为3%~4%。与第二期岩石成分相近,唯颜色多为灰白色且粒径细(仅0.5~2 mm)相区别。同位素测定其年龄约1.64亿年。观音山、天池山、大洛山山顶有出露。

## 第三节　苏州地质教学实习区地质构造

苏州地区大地构造位置处于新华夏系第二巨型隆起带，是秦岭东西向复杂构造带东延的复合部位。东侧为华夏式湖苏断裂带与白垩系甪直内陆凹陷相隔，北东侧被东西向望亭—太仓断裂所截。区内地质构造复杂。

从本区地层分布情况分析，东南西三面呈弧形环绕，外围地层为泥盆系老地层，中心岩体周围为上二叠统新地层（老包新）；地层产状东部横山向 NWW 倾斜，东南部七子山向 NW 倾斜，西南部穹隆向 NE 倾斜，西部五龙山、阳山一带转向 NEE 倾斜。上述地层层序及岩层产状表明，本区区域构造总体为一呈 NE 向延伸的短轴向斜构造、轴面向 NE 倾伏，苏州花岗岩岩体侵入向斜核部。见苏州地质构造剖面示意图（图 3-1-1）。

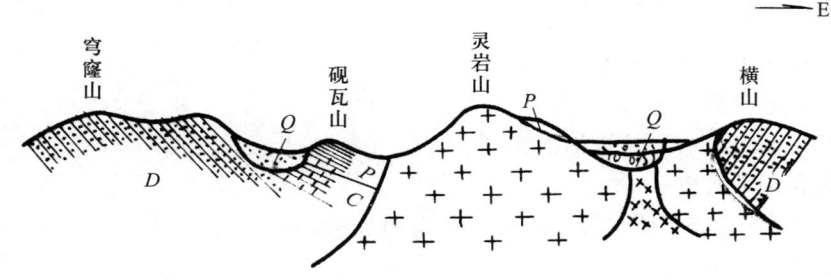

图 3-1-1　苏州地质构造剖面示意图

区内次一级地质构造十分发育：有北东向残留的次一级玉屏山复式向斜及一系列北东向的压性—压扭性断裂，属华夏系构造；有一系列近东西向的压性—压扭性断裂和挤压破碎带，及与其配套的北东、北西向扭性断裂，属东西向构造；北西向的次一级正山向斜和一系列隐伏的向、背斜褶皱，以及其一系列压—压扭性断裂、挤压带，属北西向构造；而一系列北北东向的压性—压扭性断裂、挤压破碎带、岩体、岩脉群，以及其与之配套的北西向张性断裂则属新华夏系构造。区内断裂多为低角度的压—压扭性断裂，常见泥盆系老地层推覆于石炭系、二叠系地层之上形成推覆构造，因此，石炭系及下二叠统地层区内出露甚少。

由于地质构造复杂，本区岩层节理发育，方向较多。此外，岩体内原生冷凝而成的垂直节理及柱状节理发育，经风化作用影响，常形成陡峭的奇峰异石及"一线天""万笏朝天"等奇特景色。

上述地质构造见苏州地区地质图（附图 3）。

# 第二章　教学实习观测路线及内容

## 第一节　横山路线

**一、教学实习观测路线**

本次教学实习观测路线为横山路线。

**二、教学实习内容与要求**

（1）观察路线上地质点的观察内容与方法。
（2）地质罗盘仪使用方法练习。
（3）岩层层面、层理面、节理面的识别。
（4）风化壳剖面观察。
（5）侵入体岩性、捕虏体、析离体、接触关系的观察。
（6）断层的野外识别。

**三、讲解提纲**

（一）部队疗养所后山采石场

应熟悉地质点的主要野外观察内容与方法，并进行罗盘仪使用等野外工作基本功训练，主要内容如下。

1. 地质点观察内容

首先应记录日期、天气、参加人员及路线，每个地质点应观察和记录：

（1）地质点位置：包括与地形地物点的相对位置、方位和距离，以及在地形图上的定点方法。
（2）岩性观察和描述：包括岩石名称、颜色、成分、结构、构造、生物化石及风化等次生变化。结合本实习点茅山群上部石英砂岩进行观察和描述练习。
（3）地形地貌特征、水文地质及构造地质现象、节理发育程度的观察和描述。
（4）若有风化、剥蚀、坡洪冲积、岩溶、崩塌、建筑物破坏等自然动力地质及工程地质现象时，应尽可能详细观察描述并进行野外成因分析。
（5）测量和记录岩层产状及节理产状要素。

2. 地质罗盘仪的使用方法

罗盘仪是野外地质工作中必不可少的工具，借助它可以测量岩层层面、节理面、断层面等观察面的空间位置（产状要素），还可测量观察点的方位、坡角，从而确定观察点位置在地形图上定点及进行野外地质测量等。

地质罗盘仪的具体使用方法见第一篇。

3. 岩层层面、层理面、节理面的观察和区分

(1) 岩层：在同一地质时期相对稳定、相同沉积环境下所形成的由同一岩性组成的层状岩石称为岩层。每一岩层受上、下两个平行或近于平行的界面所限制，这两个界面称为层面，上、下界面分别称为顶面和底面。其野外识别标志是将它作为岩性分界面，两侧岩石的岩性不同即为不同岩石。

(2) 层理：岩层内部由于沉积时的自然地理环境的变化而引起的颜色、成分或结构的变化而呈现的成层现象称为层理。每个层称为单层（或细层），单层间的界面称为层理面。层理面可以是同一方向（水平层理）与岩层层面一致，也可以是两组方向（斜交层理）或几组方向（交错层理）而不一定与层面一致。其野外识别标志是：与岩层层面一样，通常延伸很远而有别于节理面；但又不作为岩性分界面，两侧岩石基本相同而区别于层面。还可借助于颜色、矿物定向排列、颗粒的粒度韵律变化、微夹层来识别，灰岩还可借助于缝合线来识别。

(3) 节理：岩层由于构造运动而受力超过本身强度极限时而发生破裂且无显著位移者称为节理。破裂面即为节理面。其识别标志是：通常延伸不远，常呈断断续续，并可切割不同岩层。

值得注意的是，岩层产状要素的测量必须在岩层层面或与层面方向大体一致的层理面上进行，不能在与层面方向不一致的层理面上测量或误将节理面当成层面。

此外，在实习区采石场剥采面上剥离出一断层面，断层面略有起伏，具清晰的水平擦痕，垂直方向上有断层阶步及反阶步可判断出上盘作相对下降运动，从而分析断层性质可能为先扭后张。断层延伸方向与下一点水塘边断层大致可以相连。

(二) 烈士陵园后冲沟近沟口处

该点应观察以下几点。

1. 花岗岩风化壳剖面垂直分带现象

该处地表有薄层土壤及残坡积层覆盖，其下在天然露头剖面上自地表向深部花岗岩风化程度逐渐减弱，工程勘察中，主要按岩石的风化特征、风化形态、岩石结构构造的变化、坚硬程度和可钻可挖掘性能，并结合矿物成分的变化等进行垂直分带，可大致划分为强风化带、中等（半）风化带、弱风化带，相应地按矿物成分变化划分相当于红色黏土风化带、灰白色黏土夹碎石风化带、碎石角砾风化带。附风化壳剖面图（图 3-2-1）。

2. 岩体和围岩侵入接触的观察

花岗岩岩体侵入于茅山群上部石英砂岩中呈侵入接触，其主要依据为：岩体切穿岩层层理；近接触带处围岩有轻微变质石英岩化现象。

岩体边缘处常含围岩石英砂岩"捕虏体"。捕虏体是围岩在岩体侵入的挤压力作用下破碎而落入岩浆中为之俘获的围岩碎块。捕虏体岩石多已变质为黑云母石英角砾岩。

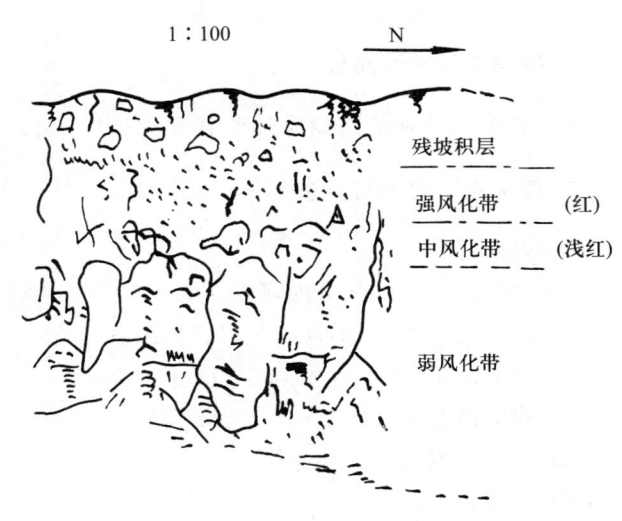

图 3-2-1 风化壳剖面图

3. 水塘边陡崖处断层迹象的观察

该处地形为一陡崖,岩层节理发育,岩层产状变化较大,并可见断层擦痕、摩擦镜面,由断层阶步可分析出断层运动方向为上盘相对下降,陡崖脚下大裂隙中地下水涌出形成一水塘。沿冲沟向内有多处水塘呈串珠状分布。

(三) 顺冲沟沿途观察

1. 侵入体岩性特征

主要为肉红色中、粗粒黑云母花岗岩($\gamma_5^{2-2}$),应观察和描述其颜色、矿物成分、结构、构造等。

2. 岩体边缘析离体观察

岩浆冷凝时,边部首先冷却,高熔点的铁镁矿物先结晶出来,使边部岩浆铁镁成分相对减少,导致内部铁镁组分向边部扩散,即高熔点组分向温度降低处集中,这种由岩浆分异作用形成的铁镁质暗色矿物富集的块体称为析离体,其形状多样,可呈浑圆形,也可为不规则棱角状。岩体边部因含捕虏体、析离体而呈斑杂构造。

3. 多次侵入现象

肉红色粗粒花岗岩岩体内见有浅色细粒花岗岩($\gamma_5^{2-2}$)沿裂隙破碎带侵入其中,后者侵入时代较晚,还可见辉绿岩岩脉穿插花岗岩岩体,其时代更晚,属燕山运动晚期的产物。由此可见本区曾经历过多期、多次的岩浆侵入作用。

4. 崩塌现象

冲沟东侧为茅山群石英砂岩组成的陡崖,由于石英砂岩节理发育岩层被切割破碎,经风化作用,裂隙不断扩大,岩块进一步破碎和松动,在重力影响下,常发生突然坠落和崩塌(图 3-2-2),陡崖脚下有堆积的碎石。

图 3-2-2　崩塌现象(横山)

## 第二节　天平山—灵岩山路线

一、教学实习观测路线

本次教学实习观测路线为天平山—灵岩山一带。

二、教学实习内容与要求

(1) 岩性观察。

(2) 岩浆岩原生柱状节理观察。

(3) 风化现象之一:生物风化根劈作用。

(4) 冲沟地貌。

(5) 残留顶盖。

(6) 基岩裂隙水。

(7) 太湖成因。

（8）风化现象之二：球状风化，差异风化。

### 三、讲解提纲

（一）天平山"一线天"和亭子附近观察

1. 岩性特征

为肉红色粗、中粒斑状黑云母花岗岩（$\gamma_5^{2-2}(\pi)$），似斑状结构，斑晶粒径为 3~6 mm，成分以正长石为主，含少量石英。基质为细粒显晶质，成分以正长石为主、其次为石英、少量斜长石及黑云母，为粗粒肉红色黑云母花岗岩（$\gamma_5^{2-2}$）的相变岩石。

2. 原生柱状节理观察

柱状节理是岩浆岩原生节理的一种，其形成主要与岩浆冷凝收缩有关，柱状节理多垂直于冷凝面发育，当冷缩中心均匀分布时，熔岩围绕冷缩中心收缩，各冷缩中心之间便形成原生张节理把岩体切割为一个个柱体，这些原生张节理即为柱状节理。理论上，冷凝面上各向相等的张应力的解除是通过彼此相交 120°的无数张节理来实现的，柱状节理的横断面应组成正六边形，但实际上，岩浆不是均质的，收缩亦是不均匀的，所以，实际形成的柱状节理横断面可呈五边形、七边形、四边形等，各边也不一定等长。天平山柱状节理经风化等外力地质作用进一步扩大，使岩体被分割为彼此分离的林立岩柱，构成"万笏朝天""一线天"等景色及奇峰异石。附天平山一线天柱状节理图（图 3-2-3）。

图 3-2-3　天平山一线天柱状节理图　　　　图 3-2-4　植物根劈现象图

3. 植物根劈作用观察

亭子附近陡峻的岩石上，粗大的树根深深扎进岩石裂隙中，使裂隙被撑开扩大，加速岩石的破碎解体，这种作用称为根劈作用，是生物风化的方式之一。根劈作用可产生 10~15 kg/cm² 的压力，对岩石产生机械破坏，同时植物新陈代谢也可对岩石产生化学破坏作用，根劈作用还可导致崩塌等不良地质作用从而带来危害。附植物根劈现象图（图 3-2-4）。

（二）灵岩山北坡腰处观察

1. 岩性特征

为肉红色中、粗粒黑云母花岗岩（$\gamma_5^{2-2}$），具中、粗粒半自形等粒结构（花岗结构）而有别于天平山似斑状结构之粗、中粒斑状黑云母花岗岩（$\gamma_5^{2-2}$），二者是苏州花岗岩的主体岩石。在此处应结合岩石进行岩性描述练习。地表岩石多风化呈棕黄色或土黄色，长石多高岭土化,变得疏松甚至呈砂粒状。

2. 冲沟地貌

冲沟是暂时性地表流水(洪流)侵蚀地表而形成的沟槽。山坡西侧有大小不一、处于不同发展阶段的冲沟。上游小冲沟尚较狭窄,坡度较陡,下切作用强烈;下游冲沟已较宽阔,坡度也较平缓,以侧向侵蚀作用为主。冲沟内植被很少说明冲沟仍在继续发育。而山坡东侧冲沟宽阔平缓、植被发育,说明已停止发育,成为死冲沟。

冲沟的发育要有疏松、易于崩解和被侵蚀的岩土层;有较大的汇水面积和有利于水排泄的地形;大而集中的降雨量等气候条件。

(三) 灵岩山北坡近山顶处观察

1. 地层岩性

原岩为灰至深灰色粉砂质页岩,以黏土矿物为主,含粉砂质、粉砂泥质结构,节理发育。由于发生变质作用而使岩石变得坚硬、性脆,并有细小绢云母、绿泥石变晶矿物生成,变余粉砂泥质结构,已成为角页岩。地层时代为下二叠统堰桥组下段($P_1y^2$)。风化后多呈碎片状。

2. 残留顶盖

上述堰桥组角页岩仅分布于近山顶处不大范围内,周围皆是花岗岩体,是岩体侵入时顶托在上部的围岩地层,风化剥蚀之后,在岩体上部起伏面之低凹处得以保留,覆盖于岩体之上,称之为残留顶盖或顶垂体。其产状与附近围岩产状基本一致,说明其位置虽经顶托但未发生明显变动,说明苏州花岗岩的剥蚀程度较浅。

(四) 灵岩山顶寺院内观察智积井与吴王井

这两口井均凿于花岗岩体之上,相传开挖于春秋时期,已有 2 000 多年历史,井深各十余丈(1 丈≈3.33 米),井口相距仅 5.2 m,但两井水位差很明显,智积井水位深,吴王井水位浅。1963 年 5 月 5 日测得水位差为 2.5 m,1977 年 9 月 5 日测得水位差为 0.75 m,1982 年 10 月 24 日测得水位差为 1.00 m 以上。两井水位随气候季节改变而略有变化,但从未干涸,据抽水试验数据,两井涌水量相近,均为 30~40 m³/h。

花岗岩体致密不透水,但由于节理发育提供了地下水的良好通道及储存场所,因而含基岩裂隙水,智积、吴王两井井水即由基岩裂隙水补给。由于节理发育的不均匀性和方向性,两井间裂隙尚未连通,因此,两井无水力联系,故形成水位差。

(五) 自灵岩山顶顺南坡下山沿途观察

1. 球状风化及差异分化作用

沿山坡分布的花岗岩岩块均呈浑圆状、球状,是岩块受温度变化影响发生物理风化作用的结果,称为"球状风化"。由于岩体内发育有几组节理,把岩体切割为大小不等的棱角状岩块,在发生物理风化时,角顶处受三个方向风化作用影响,棱边处受两个方向的作用,而面上仅受一个方向的作用,故而角顶首先消失,进而棱边也消失,变为近球形的浑圆状。

有的岩块由于差异风化的影响,形状奇特,因状如蘑菇,称为蘑菇石(图 3-2-5)。引起差异风化的因素较多,诸如岩性差异、成分结构不同、节理发育程度的

图 3-2-5 灵岩山蘑菇石

差异、近地表处流水冲刷或生物破坏作用程度不同等,均可引起风化速度的差异。灵岩山蘑菇石的成因主要是节理切割程度不同引起的,岩块下部节理切割较强且节理方向有利于破坏剥落因而破坏速度快,上部岩块相对较完整,风化破坏慢,形成上大下小的蘑菇状。

2. 乌龟望太湖石附近观察太湖,介绍太湖成因

太湖是我国五大淡水湖之一,面积约 2 427.8 km², 平均水深 1.9 m, 湖岸浅较平直,东部有两个较大的半岛,另有 90 余个小岛散布湖中,岛上巨石嶙峋,沿岸地势西高东低,西北为低山丘陵,东南为一望无际的平原,湖水浩瀚,景色迷人。

一二百万年以前,太湖原是浅海,来自长江和海流所带来的泥砂不断堆积,使之逐渐变为海湾,进而被沙嘴、沙坝隔开为潟湖,随着长江三角洲范围的增大扩展,使它离海岸越来越远,由于气候湿润多雨,潟湖水不断淡化,成为淡水湖泊。起初,太湖与东面的阳澄湖、淀山湖、澄湖等均连成一片,随着内陆沉积而逐渐隔开,湖泊面积也不断缩小,成为今日之地貌景观。另有人认为,太湖是由新构造运动的断陷作用后经淤塞而成断陷湖。

(六) 灵岩山南坡脚公路停车场观察

1. 地层岩性

为下二叠统堰桥组中段($P_1^2y$)砂页岩段地层,主要为浅灰、黄灰色泥质粉砂岩及粉砂质页岩。粉砂岩成分以石英为主,分选较好,泥质胶结,具薄—微细水平层理;页岩以泥质为主,含粉砂质且较均匀,页理发育,二者交互成层。

2. 岩脉穿插及接触变质作用

堰桥组地层在与花岗岩体的接触带有轻微变质作用,更显致密坚硬,泥质胶结物有绢云母化的细晶,发生角页岩化。接触带岩体边缘暗色矿物也相对富集。

堰桥组地层内还可见花岗岩岩脉穿插,岩脉结晶颗粒较粗大。

# 第三节　砚瓦山路线

## 一、教学实习观测路线

本次教学实习观测路线为砚瓦山路线。

## 二、教学实习内容与要求

(1) 认识上二叠统龙潭组($P_2^1l$)地层岩性。

(2) 结核、化石观察。

(3) 地区地质构造小结。

## 三、讲解提纲

(一) 砚瓦山西南坡砚石厂采石场观察

1. 地层岩性

为龙潭组中部海相段地层。主要为青灰—深灰色薄—中厚层泥岩及粉砂质泥岩,偶夹粉、细砂岩条带及薄层,泥岩致密,以泥质为主,有时含粉砂质,薄—中厚层水平层理发育,层

面平整。由于地层有轻微变质,可见细小绢云母鳞片,质地坚韧,多已成为板岩,是制作砚台的良好材料,砚瓦山也因此而得名。

2. 结核和化石

泥岩及粉砂质泥岩内常含扁平透镜状结核,粒径 2～6 cm 不等,内部具同心圆状结构,褐红至暗紫黑色,为铁锰质结核。结核依据其与层理的关系可分为同生结核、成岩结核及后生结核(图 3-2-6),本处结核部分切穿层理部分为围岩围绕,故属成岩结核。

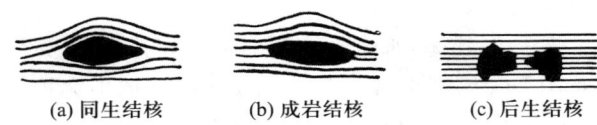

(a) 同生结核　　(b) 成岩结核　　(c) 后生结核

图 3-2-6　结核类型示意图

采石场及东面和尚山坡脚公路附近岩层露头处,仔细敲打,可发现海生动物化石,有菊石、腕足类及瓣鳃类,常见的有戟形华夏贝、优美网格长身贝(图 3-2-7)、巨大鱼鳞贝等。

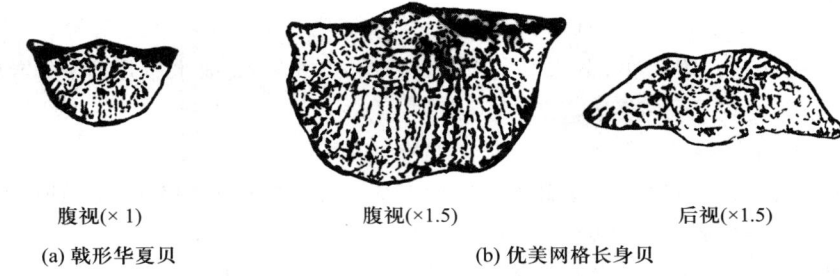

腹视(×1)　　　　腹视(×1.5)　　　　后视(×1.5)

(a) 戟形华夏贝　　　　(b) 优美网格长身贝

图 3-2-7　腕足类化石

此外,采石场剥采面上还可见岩层小错动及其拖曳牵引现象等断层迹象。

(二) 区域地质构造小结

前述各实习路线所见:横山地层倾向为 NW,至灵岩山已转为 NNE 向,和尚山、砚瓦山一带又转为 NE,NEE 向,结合地层新老关系,可分析出本区区域构造为一向 NE 倾伏的向斜构造,砚瓦山恰位于向斜 NW 近转折端处。苏州花岗岩体侵入于向斜核部,加之多组断裂切割及次一级褶皱发育,使地质构造进一步复杂化,向斜形态已残缺不全。

# 第四节　阳山路线

**一、教学实习观测路线**

本次教学实习观测路线为阳山路线。

**二、教学实习内容与要求**

(1) 滑坡现象观察。

(2) 断层、地层岩性及岩脉侵入。

### 三、讲解提纲

#### （一）江苏省第四地质队所在地附近西阳山南西坡观察滑坡现象

西阳山南西坡一带山坡上，有大小滑坡几处，滑坡形态清晰，可观察到滑坡体、滑坡周界、滑坡壁、滑坡圈谷、滑坡台阶、弧形张裂缝等滑坡要素（图3-2-8）。

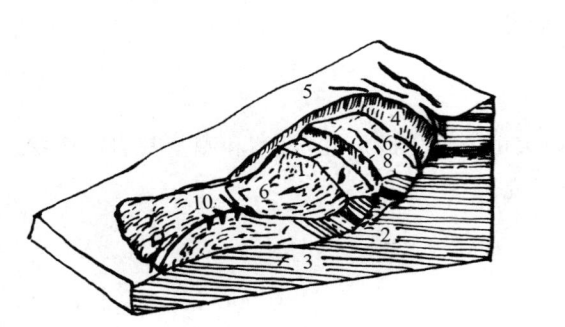 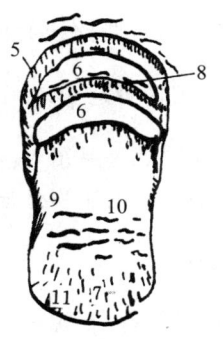

(a) 剖面示意图　　　　(b) 平面示意图

1.滑坡体；2.滑动面；3.滑坡床；4.滑坡壁；5.滑坡周界；6.滑坡台阶；
7.滑坡舌；8.拉张裂隙；9.剪切裂隙；10.鼓张裂隙；11.扇形裂隙

图 3-2-8　滑坡要素示意图

滑坡产生的原因是西阳山南坡有一北西向的低角度压性推覆断层，下中泥盆统茅山群（$D_{1-2}$ m）地层推覆于下二叠统堰桥组中段（$P_1^2$y）地层之上，断层面倾向 NE，倾角平缓，断层附近岩层节理非常发育，岩层挤压破碎，稳定性变差，其中一组与坡向基本一致的倾向 SW 的张裂隙（与断层面呈锐角相交）尤为发育，倾角为 20°～40°。地表水沿节理进入岩层内增加了岩层容重，内摩擦角变小并不断浸润和软化裂隙面，加之矿场采石破坏了坡角支撑，于是沿该组张裂面发生了岩层的整体下滑形成滑坡。为一岩质地层牵引式滑坡，滑坡不断发展，几次滑动形成几级滑坡台阶。滑坡是一种常见的重要不良地质现象，也是工程地质研究的重要课题之一。

#### （二）瓷土公司露天采石场观察断层、地层岩性及岩脉侵入

**1. 断层**

西阳山北西向压性推覆断层采石场一带为其挤压破碎带，岩层多破碎呈碎块状及透镜状，摩擦镜面发育，采石场剖面可见茅山群老地层推覆于堰桥组、栖霞组新地层之上，呈断层接触。

**2. 地层岩性**

描述和观察茅山群石英砂岩、栖霞组石灰岩及堰桥组砂页岩的岩性特征，测量和记录其产状。

**3. 岩脉侵入**

岩层裂隙发育可见后期侵入的石英斑岩，次英安斑岩岩脉顺裂隙侵入，岩脉多呈 NNE 向延伸。

## 第五节　虎丘路线

**一、教学实习观测路线**

本次教学实习观测路线为虎丘路线。

**二、教学实习内容与要求**

(1) 认识侏罗统吴县组($J_3w$)火山碎屑岩的岩性,观察和测量其岩层产状及节理。
(2) 虎丘塔歪斜的工程地质研究。

**三、讲解提纲**

(一) 虎丘试剑石、石枕一带观察

凝灰角砾岩:浅灰至紫灰色,角砾粒径 2~5 mm 不等,少数可达 10 mm 左右,棱角状,主要为英安质、流纹质火山角砾,偶见石英岩、燧石、砂页岩角砾,含量为 50% 左右;可见少量正长石及石英晶屑,含量为 10% 左右;火山灰胶结,含量为 40% 左右,火山角砾结构,块状构造。

试剑石为凝灰角砾岩岩块,被节理劈为两半,貌似剑砍一般,被传说为吴王试剑之石。

(二) 千人(血)石平台处观察

下部为含角砾凝灰岩。颜色成分与凝灰角砾岩相似,唯火山角砾减少,以火山灰为主,晶屑含量增加,属含角砾凝灰结构。

其上为暗紫红色熔结凝灰岩。主要成分为暗紫色塑性岩屑,岩屑为隐晶质,含长石及石英晶屑,可见红色碧石质不规则条带,含晶屑塑变结构,假流纹构造,可见晶屑长轴垂直于假流纹方向排列发生顶撞及流纹穿过晶屑,有时具细小气孔状构造。

再上为黄白色晶屑凝灰岩,以火山灰为主,含透长石及少量石英晶屑,属凝灰结构。

上述岩层交互成层,层次清晰,产状平缓,倾向 NE,倾角为 6°左右。由于岩层产状平缓,受几组节理切割后构成宽阔的平台,加之岩石颜色红紫如血,故有由杀戮千人血染而成的传说。

(三) 节理观察

千人(血)石平台及周围地表岩层表面发育有几个方向的节理,较明显的有三组,节理面多近直立。其中一组 NNE 向节理最为发育,虎丘剑池即为沿此组节理发育带而成的沟谷,两壁陡立,其间有泉水自裂隙涌出而成池,为虎丘增色不少。另据观察,剑池两壁岩层岩性有所差异,该节理破碎带可能为一断距不大的断层。

(四) 虎丘斜塔的工程地质研究

虎丘塔位于虎丘山顶,原名云岩寺塔,始筑于公元 959 年(五代末年),于 961 年(北宋初)建成,距今已有 1 000 多年历史,曾经过多次被毁损和整修。塔高 47 m,全部为砖砌,现已向北东方向倾斜,据测量,塔顶中心相对塔基中心已位移 2.3 m,倾角为 2°50′。现仍以每年3.6 mm的速度继续移动。公元1638年(明崇祯十一年)整修时,已明显倾斜,当时将第七层竖直修建,故塔呈香蕉形(图3-2-9)。

据1978年以来精密测量观察,虎丘塔塔身在继续向北东方向移动,近地面处位移较小,高处位移较大(底层到三层每年倾斜 7″,四到七层每年倾斜 19″),而塔基标高已没有显著变化,可能是因砖砌体浆缝的压缩变形在发展中。塔身倾斜使一侧砖砌体应力和地基应力增大,1978年发现北面两个内墩产生竖向裂缝[图3-2-10(a)之A]。施工了探坑[见图3-2-10(a)之Ⅰ,Ⅱ]、探井[见图3-2-10(b)之Ⅲ]进行工程勘察。有人建议用44个墩子[图3-2-10(a)之B]组成"桩排式连续墙"作为加固地基的方案。

关于虎丘塔的倾斜原因,据塔基剖面[图3-2-10(b)]分析(图中:Ⅲ为探井,1为坚实的块石粉质黏土层,2为较软的粉质黏土层,3为可能存在的孤石,4为探井中水平顶入的铜管,5为基岩面),可以看出塔基的八个外墩和四个内墩都未做扩大基础(大放脚),而是直接建筑在厚薄不均的填土层上,由于基岩面向NE倾斜,填土层东北厚而西南薄,在塔的荷重压缩下,东北填土层厚处压缩沉降量大,而西南方沉降量小,这是导致塔歪斜的主要原因。

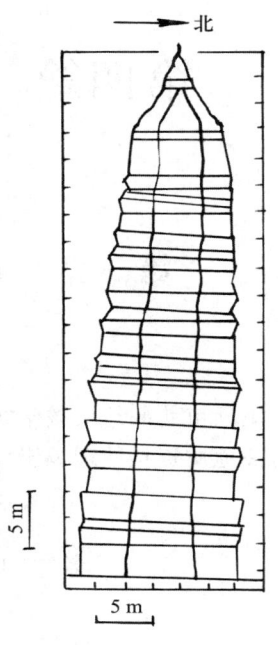

图 3-2-9　苏州云岩寺塔立面现状图

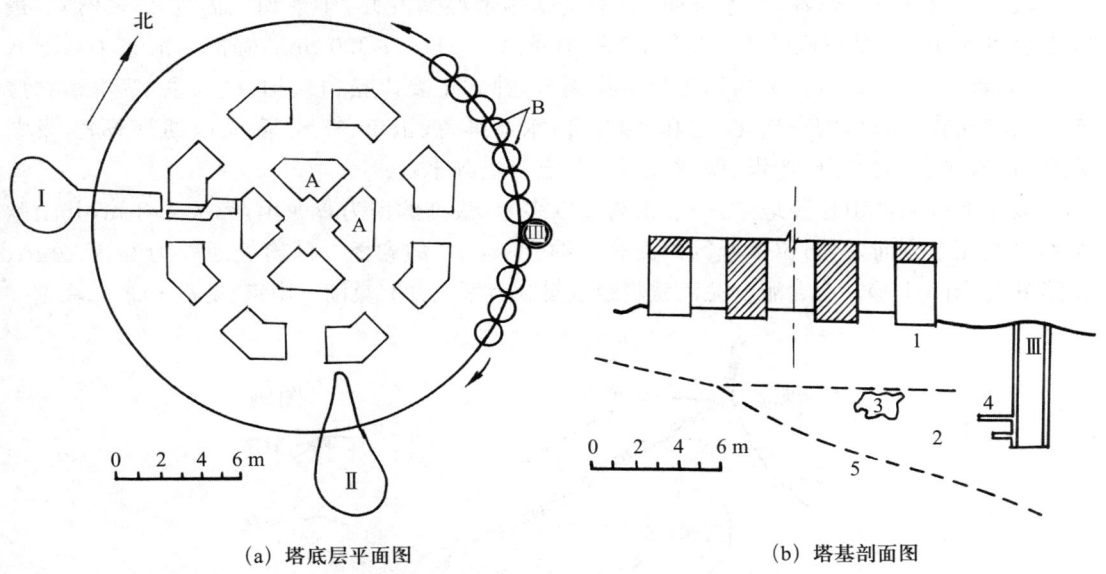

(a) 塔底层平面图　　　　(b) 塔基剖面图

图 3-2-10　塔底层平面图与塔基剖面图

# 第四篇　巢湖北部地质教学实习区

## 第一章　巢湖北部地质教学实习区地质概况

巢湖市北部地质教学实习区指麒麟山、凤凰山、马家山等地区。本篇根据以该地区为主的有关地质资料整理编辑而成。

### 第一节　教学实习区自然经济地理概况

巢湖市位于安徽省的中部，巢湖之滨，属江淮丘陵区的南部，位于东经117°50′，北纬31°40′。

教学实习区气候湿润，四季分明，属季风副热带湿润气候，年平均气温为15～21℃，最高温度可达40℃，最低则低于−10℃；年平均降雨量894～1 300 mm，降雨一般集中在七八月份，无霜期250天左右，区内副热带植物繁多，乔木主要以松、杉、柏、槐为主，草本植物广布山区和丘陵。农作物有棉花、芝麻、烟叶等；水产鲜鱼、银鱼、虾米等，尤以湖蟹著名，巢湖素有"鱼米之乡"之誉，矿产煤、铁、石灰石、黏土等也颇丰富。

巢湖地区属低山丘陵地带，一般山高200多米，最高的山为青龙山，海拔403 m，其山脉基本以北北东方向延伸；位于城区西面有一约450 km² 的湖面。区内交通较为发达，公路、铁路纵横（图4-1-1）。有合肥—芜湖铁路经过巢湖市区。并有巢湖—南京、巢湖—滁江、巢湖—

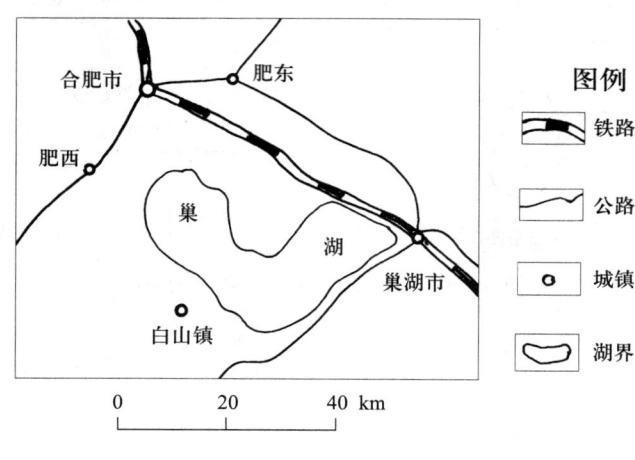

图 4-1-1　巢湖市交通位置图

无为等公路，同时，区内还设有安徽省维尼龙厂、合肥采石场、巢湖水泥厂、巢湖铸造厂等中小型企业。半汤温泉已建有空军巢湖医院、干部疗养院、工人疗养院、地质疗养院等多家疗养场所。

长期以来，巢湖市政府大力发展旅游事业，已先后开发建成巢湖姥山岛、湖滨浴场、银屏山、紫微洞等风景旅游区。

## 第二节 巢湖地区地质调查研究史

本地质教学实习区内最早的地质工作始于1934年，徐克勤在巢县北部进行地质调查，编写了巢县北部1∶5万的地质报告；1936年李四光、1937年李捷、张文佑在凤阳、定远进行了地质调查；1945年，谢家荣等在淮南一带开展了地质工作。新中国成立后，1956年1月，华东地质局巢县地质队在本教学实习区内开展煤田地质调查，编写了安徽含山—巢县—怀宁煤田地质普查报告；1956年6月，合肥矿业学院在此实习，编写了巢县北部地质概要并绘制了1∶5万的地质概要图；1958年，安徽物探队为解决找油的深部构造，进行了磁测工作，编写了1∶5万的巢县北部地区磁测报告。同年，安徽省石油队开展巢县—含山区域地质普查，绘制了1∶20万的地质图；1959年4月，安徽省地质局合肥市地质队在此进行铁矿普查，编写了巢县凤凰山—炬嶂山铁矿评价报告；1960年，地质部航测大队902队对皖苏地区进行了航空物探工作，编写了航空物探结果报告；1964年，建筑工程部504队编写了安徽省巢县马家山石灰岩矿床补充勘探报告；1971年，安徽省地质局327地质队编写了安徽省巢县磁测简报；1975年，安徽省物探队三分队编写了安徽省合肥—定远地区重力剖面成果简报；1978年，安徽省地质局区域地质调查队出版了1∶20万合肥定远幅区域地质调查报告。1981年，安徽省区测队对本教学实习区内进行了1∶20万区域地质测量，作了凤凰山上古生界—下古生界的实测地质剖面。1981年以后，各高校陆续到此建立地质教学实习基地，展开地质教学实习(巢湖北部地区地形图见附图1)。

## 第三节 区域地层

地质教学实习区属扬子地区内下扬子分区的巢县小区。

地质教学实习区内主要出露自志留纪至早、中三叠世以及第四纪的沉积物，上元古界震旦系灯影组和寒武系冷泉王组在许家村有出露、侏罗系地层只呈零星分布于山前洼地，斜交不整合于前侏罗系之上，另外，有燕山期岩浆岩侵入体呈零星分布。现将区内地层由老到新分述如下：

### 一、上元古界

震旦系灯影组($Z_n d_n$)，出露于测区西部。为灰白色厚层含白云质灰岩，白云岩，含砂屑灰岩和泥质灰岩。

·············································假 整 合·············································

## 二、古生界

(一)寒武系冷泉王组($C_3l$)

寒武系冷泉王组($C_3l$),出露于实习区西部大桥汽车站、巢县党校附近。为深灰色厚层白云岩。

·············································假 整 合·············································

(二)志留系(S)

志留系地层一般组成背斜核部,是本实习区出露最老地层。主要分布于麒麟山、大尖山与朝阳山、碾盘山之间的山坳里、姚家山、碾盘山西北山坡脚和炬嶂山东南山坡脚一带,属浅海—滨海相碎屑岩及黏土岩沉积。各组间均呈整合接触。

1. 下统高家边组($S_1g$),厚度大于 271.89 m

下部:灰黑色(风化后呈灰白色)页岩,页理发育,易碎,含笔石,厚 16.97 m。

上部:黄褐色薄层粉砂质泥岩、页岩,粉砂质页岩夹少量中薄层细砂岩、泥质细砂岩,泥质粉砂岩,往上夹层逐渐增多,含笔石,厚度大于 254.92 m。

——————————————整　　合——————————————

2. 中统坟头组($S_2f$),总厚 225.79~302.07 m

下部:黄绿、局部浅紫灰色中厚层细砂岩,细粒泥质砂岩,黄绿色薄层粉砂质泥岩及泥质粉砂岩等,含中华棘鱼,厚 178.51~213.93 m。

中部:黄绿色薄至中厚层细粒石英砂岩、细粒泥质石英砂岩与黄绿、紫红色薄层粉砂质泥岩、粉砂质页岩互层,含中华棘鱼,厚 26.42~40.30 m。

上部:黄绿色薄至中厚层粉砂质泥岩夹红绿色薄至中层细粒泥质石英砂岩,由砂、泥质相组成韵律,含王冠虫,厚 20.86~47.83 m。

——————————————整　　合——————————————

3. 上统茅山组($S_3m$)

填图区该组地层缺失,但巢南地区发育,厚 21.77 m。

下部:灰白色薄至中厚层细粒石英砂岩夹粉砂质页岩,厚 16.62 m。

上部:紫红色中厚至厚层铁质细粒石英砂岩及薄至中层铁质泥岩,厚 5.15 m。

·············································假 整 合·············································

(三)泥盆系(D)

主要分布在麒麟山、凤凰山、朝阳山以及炬嶂山、姚家山山脊地区,构成本区主要山体。属一套河湖相碎屑岩系。岩性尚稳定,下部为中至中厚层石英砂岩,上部则以页岩占优势的砂页岩互层为特征,反映了自下而上由粗到细的沉积旋回。

上统五通组($D_3w$),总厚 163.17~219.05 m。

下段——砂岩段($D_3w^1$):

下部:乳白、灰白至浅灰色中至中厚层石英砂岩夹含砾石英砂岩,由于岩性坚硬,抗风化力强,组成了本区主要峰峦和山脊。其底部为稳定的乳白色中厚层石英砾岩。砾石含量达 30%~40%,分选性、磨圆度较好,多为滚圆及部分次棱角状的石英岩与燧石,砾径 1~2 cm,个别可达 5 cm 以上,自上而下砾石增多、增大的趋势明显,厚 53.56~68.95 m。

上部:乳白至浅灰色薄层至中厚层细粒石英岩与灰黄色泥质砂岩夹黄绿或黄色砂质页岩薄层,偏下楔状交错层理较发育,含亚鳞木、拟鳞木,厚86.65~88.25 m。

上段——砂页岩段($D_3w^2$):灰白至灰黑色薄层粉砂质泥岩,含炭质粉砂质泥(页)岩,与灰白色中至中薄层细粒石英砂岩互层,且以前者为主,偏上部夹耐火黏土2~5层及透镜状赤铁矿等,含植物化石——拟鳞木、斜万薄皮木等,厚22.96~61.85 m。

······················假 整 合······················

(四)石炭系(C)

主要分布于麒麟山、凤凰山、石刀山、姚家山南坡和朝阳山、炬嶂山北坡一带,除高骊山组露头不甚好,为滨海—浅海相碎屑岩之外,其余各组露头较好,均为海相之碳酸盐沉积。

1. 下统($C_1$)

(1) 金陵组($C_1j$),总厚3.64~9.61 m:

下部:土黄色钙质砂岩,含金陵穹房贝、擂彭台始唱贝,厚0.29~0.65 m(本组底部有厚约10 cm的棕黑色含粉砂质铁锰层——凤凰山可见)。

上部:深灰色略显紫色中至厚层含方解石小晶体之灰岩,含泥质生物碎屑灰岩。含假乌拉珊瑚、笛管珊瑚、擂彭台始唱贝。厚约3.35~8.96 m。

······················假 整 合······················

(2) 高骊山组($C_1g$),总厚6.10 m:

下部:紫、紫褐、灰绿等杂色页岩、粉砂质页岩、上下可见透镜状赤铁矿。含菊石碎片,底部含极少量植物化石碎片,厚约2.93 m(本组底界凹凸不平,其上有铁质薄膜,底部为透镜状赤铁矿、铁锰风化物等)。

上部:黄至灰黄色铁质泥岩,粉砂质泥岩、铁质粉砂岩,页岩,局部夹耐火黏土一层,底部为钙质结核层,顶部为褐黄色中厚层含铁锰结核石英砂岩。含贵州珊瑚、狮鼻长身贝等。厚3.17 m。

······················假 整 合······················

(3) 和州组($C_1h$),总厚27.31 m:

下段——灰岩段($C_1h^1$):总厚15.59 m。

下部:灰色中薄至中厚层同生砾状灰岩,由于泥质分布不均,风化后呈黄色砾块状。含袁氏珊瑚、大长身贝等,厚约3.37 m。

中部:杂色薄至中薄层钙质泥(页)岩夹薄层泥灰岩,中间夹一层灰微带红色厚层致密灰岩,厚5.94 m。

上部:灰至深灰色中薄至中层灰岩,泥质灰岩。含袁氏珊瑚、石柱珊瑚、长身贝等,厚6.28 m。

上段——白云岩段($C_1h^2$):浅灰色中层含白云质灰岩夹灰黄色薄层钙质泥岩(在含白云质灰岩中嵌有大大小小的黄绿色钙质泥岩,风化后,泥质流失,状似生姜,凸露于地表,故有姜粒状灰岩之称,亦称炉渣状或蜂窝状),含笛管珊瑚等,厚11.72 m。

······················假 整 合······················

2. 中统黄龙组($C_2h$),厚29.98 m

下部:灰微显红色,中薄层含生物碎屑致密灰岩。含始纺锤等,厚14.95 m(本组底界面凹凸不平,底部为黄绿至灰绿色薄层含砾泥钙质页岩或砂岩)。

上部:灰色带肉红色中至中厚层,局部厚层致密灰岩,含薄氏小纺锤蜓、莫斯科唱贝等,厚15.03 m。

━━━━━━━━━━━━━━━━━━整　合━━━━━━━━━━━━━━━━━━

3. 上统船山组($C_3c$),厚 5.19~15.88 m

下部:深灰色中厚层致密灰岩,底部砾状灰岩,含麦粒蟹,厚 2.63~4.47 m。

上部:深灰色中至中厚层球状灰岩或含生物碎屑灰岩,球状体由下向上有增多的趋势,局部地段可见稀少的燧石结核,厚 2.63~4.47 m。

┄┄┄┄┄┄┄┄┄┄┄┄┄┄ 假　整　合 ┄┄┄┄┄┄┄┄┄┄┄┄┄┄

(五) 二叠系(P)

主要分布于麒麟山、凤凰山等山体南坡,以及凤凰山与平顶山之间和平顶山与姚家山一带,出露完整。

1. 下统($P_1$)

(1) 栖霞组($P_1q$),总厚 154.19~189.62 m:

碎屑岩:灰、黄色泥钙质粉砂质页岩、黑色炭质页岩或劣煤层,局部夹薄硅质岩一层(1~2 cm),含砾及铁锰质小结核(底部见 1~2 cm 厚的含铁残积黏土层),厚 0.48~0.99 m。

沥青质(臭)灰岩:深灰至灰黑色薄至中层含生物碎屑泥质灰岩,顶部可含少量的燧石结核,有浓郁的沥青味。含南京蟹、喀劳狄米氏蟹、多壁珊瑚、窗格苔藓虫,厚 45.86~60.61 m。

下硅质层:深灰至黑灰色薄至中层含燧石结核致密灰岩,夹灰黑色中薄层硅质灰质白云岩,含炭质硅质钙质页岩及硅质岩,厚 8.76~12.32 m。

中部灰岩:深灰至灰黑色薄至中层含燧石结核灰岩,夹黑色薄层含沥青质灰岩,致密块状灰岩或呈互层。含南京蟹、杨子多壁珊瑚、拟方管珊瑚等,厚 78.41~88.30 m。

上部硅质层:灰至灰黑色薄层硅质岩与灰至深灰色中薄层含燧石结核白云质灰岩。含燧石结核致密灰岩互层夹硅藻土与薄层泥质灰岩透镜体。含拟纺锤蟹、多壁珊瑚等,厚 5.82~7.66 m。

顶部灰岩:灰至深灰色中薄至中层含燧石结核致密灰岩,含白云质灰岩。后者风化而具刀砍状构造。含拟纺锤蟹、奇壁珊瑚、原米氏珊瑚等,厚 14.86~19.74 m。

┄┄┄┄┄┄┄┄┄┄┄┄┄┄ 假　整　合 ┄┄┄┄┄┄┄┄┄┄┄┄┄┄

(2) 孤峰组($P_1g$),总厚 50.76 m:

目前关于孤峰组与龙潭组的界线问题尚有争论,此剖面其下部相当于原孤峰组,中上部相当于原龙潭组的 A 煤组。

下部:灰至灰黑色薄层硅质岩与灰白至紫灰色薄层泥质粉砂岩互层,其中,底部含磷结核,顶部则以泥质粉砂岩为主。含菊石等,厚 34.76 m(本组底界面呈凹凸不平,底部为厚 10~20 cm 的含砾泥质松散物)。

中部:灰黑色纹层状炭质页岩夹耐火黏土。含植物化石碎片等,厚 9.72 m。

上部:灰黑色薄层硅质岩夹灰至暗猪肝色炭质锰土质粉砂岩,偏下为细砂岩,含菊石,厚 6.28 m。

┄┄┄┄┄┄┄┄┄┄┄┄┄┄ 假　整　合 ┄┄┄┄┄┄┄┄┄┄┄┄┄┄

2. 上统($P_2$)

(1) 龙潭组($P_2l$),总厚 33.29~80.07 m:

下部:灰微显棕色中至中厚层长石石英砂岩,粉砂质细砂岩夹灰黑色薄至中薄层含炭质泥质粉砂岩。含烟叶大羽羊齿、栉羊齿等,厚 8.66~36.05 m。

中部:褐灰或黄褐色中薄至中层钙质长石石英砂岩,往上粒度变细,局部可渐变成泥岩或炭质泥岩。顶部为 0.5～3.0 m 厚的煤层。含烟叶大羽羊齿化石,厚 21.63～41.02 m。

顶部:灰黄色中厚层含钙质长石石英砂岩,局部见深灰色含生物碎屑致密灰岩透镜体,厚度大于 3.0 m。

——————————整　　合——————————

(2) 大隆组($P_2d$),总厚 14.29～31.39 m:

下部:灰黑色薄层硅质岩夹浅灰色页岩,底部为灰至灰黄色含炭质岩夹薄层硅质岩。含戟贝等,厚 3.77～7.08 m。

中部:浅紫灰,浅蓝灰至黑色含炭质岩夹薄层硅质岩。含钼较高,含菊石,厚 6.75～12.94 m。

上部:灰黑色或绿色含钙质炭质页岩,夹土黄色薄层粉砂岩与黑色致密含炭质白云岩,顶部普遍夹 1～3 层黏土。含假提罗菊石、次扭贝、形微戟贝,厚 3.77～11.37 m。

——————————整　　合——————————

### 三、中生界

(一) 三叠系(T)

分布于本区平顶山、马鞍山一带,露头较好。由于岩性较坚硬,多组成山顶,在本区构成仅次于五通组的山脊与群峦。

1. 下统($T_1$)

(1) 殷坑组($T_1y$),总厚 63.90～114.61 m:

下部:浅灰绿或黄灰色泥(页)岩,含粉砂质泥岩夹棕灰微显黄绿色薄至中薄层泥灰岩,含白云质泥灰岩,局部互层,偏下含钙质结核,局部可呈似瘤状。含蛇菊石,其底部有近 20 cm 厚的棕黄色钙质泥岩,为二叠系的过渡层,厚 12.48～14.98 m。

中部:灰黄绿色粉砂质泥岩夹灰色中薄层泥质条带灰岩,含齿叶菊石、克氏蛤、海浪蛤等,厚 27.48～35.84 m。

上部:灰绿至深灰绿色钙质页岩夹灰至深灰色薄层泥质灰岩,含菊石,厚 23.94～63.79 m。

(2) 和龙山组($T_1h$):

下部以灰绿、灰黄绿、棕紫等杂色似瘤状灰岩与钙质泥岩互层为特征,偏上夹较多的灰至深灰色中薄至中层致密含泥质灰岩,中上部则以灰岩为主,含菊石,厚约 21.24～37.56 m。

——————————整　　合——————————

(3) 南陵湖组($T_1n$),总厚度 160.53～190.71 m:

下部:灰至深灰色中至厚层致密灰岩与黄灰色微薄层泥灰岩互层,以前者为主(此为南陵湖组起始的标志),其中还夹有灰黄绿色(局部浅砖红色)似瘤状灰岩,钙质泥(页)岩。含菊石、克氏蛤等,厚 48.61～50.47 m。

中部:紫红,灰绿色薄至中薄层瘤状灰岩与灰至深灰色薄至中薄层(局部中至中厚层)致密灰岩呈大段互层,二者局部均可夹灰至灰绿色钙质泥(页)岩。含菊石、龟山巢湖龙、硬鳞片等化石,厚 72.82～101.14 m。

上部:灰至深灰色中薄厚层,局部厚层致密灰岩,夹棕灰、褐灰色钙质页岩,偏上含泥青质较高,颜色变暗,局部可见柔褶极其发育的蠕虫状构造。含乐氏克氏蛤比较种,厚 39.10 m。

——————————————整 合——————————————

### 2. 中统月山组（$T_2y$）

本组出露不全，主要岩性为灰至浅紫色中至厚层灰岩，白云质灰岩，灰质白云岩，盐溶角砾岩，夹土黄色或黄灰色泥灰岩、钙质泥岩、砾块明显，风化面常具网格状，蜂窝状和溶洞状构造，底部为含丰富针状石膏假晶的灰质白云岩，含假百合茎。厚度大于 95.84 m。

～～～～～～～～～～～～～～～角 度 不 整 合～～～～～～～～～～～～～～～

### （二）侏罗系

#### 中—下统象山群（$J_{1+2}xn$）

本区从侏罗纪开始全面进入陆相盆地型沉积。象山群区内出露零星，分布于南端小山村九棵松及马鞍山以南一带，主要为下部地层，底部为灰黄、褐灰色中至厚层砾岩，黄褐色中薄层至中厚层中粒长石石英砂岩夹薄层细砂岩，其上为灰黄、黄绿色粉砂质泥岩、泥质粉砂岩夹薄层细砂岩，偶夹紫红色砂岩，粉砂岩及页岩，产有大量植物化石，计有尼尔松、苏铁杉、侧羽叶、似银杏和毛羽叶等，厚度大于 100.0 m。

～～～～～～～～～～～～～～～角 度 不 整 合～～～～～～～～～～～～～～～

## 四、新生界

### 第四系（Q）

主要分布在麒麟山、凤凰山、朝阳山、平顶山、石刀山、炬嶂山等山体边缘及巢湖沿岸的冲积平原，以河流冲积为主，次为湖积，冲积—湖积，洪积以及残积—坡积，洞穴堆积等沉积，一般岩性为黄褐、棕黄褐色、灰白、灰黑色亚黏土、黏土、细砂、粉砂、泥质黏土等，其厚度严格受地形和新构造运动的制约；高处较薄，低处较厚，上升区薄，下降区厚。厚 0.0～63.0 m。

以上地层见巢湖市北部地质教学实习区地层简表（表 4-1-1）。

**表 4-1-1　巢湖市北部地质教学实习区地层简表**

| 界 | 系 | 统 | 地层名称 | 代号 | 厚度/m | 主要岩性 | 沉积环境 | 沉积矿产 |
|---|---|---|---|---|---|---|---|---|
| 新生界 | 第四系 | | | Q | 0.0～63.0 | 一般为亚黏土、黏土、细砂、粉砂质黏土等 | 冲积、湖积堆积 | 砖用黏土 |
| 中生界 | 侏罗系 | 中下统 | 象山群 | $J_{1+2}xn$ | >100.0 | 长石石英砂岩、泥质粉砂岩类细砂岩、含砾粗砂岩和砾岩 | 河流沼泽相 | — |
| | 三叠系 | 中统 | 月山组 | $T_2y$ | >95.85 | 上部灰色中厚层灰岩、瘤状灰岩夹钙质页岩，下部浅色灰黄色中厚层含石膏角砾状白云质灰岩互层 | 蒸发台地相潮上低能带 | — |
| | | 下统 | 南陵湖组 | $T_1n$ | 160.53～190.71 | 上段灰白色白云岩、白云质灰岩，顶部为厚层角砾岩，下段青灰色薄层灰岩，底部1～3层瘤状泥质灰岩 | 开阔台地相潮下浅水低能带 | 石灰岩 |
| | | | 和龙山组 | $T_1h$ | 21.24～37.56 | 上部薄层条带灰岩，下部灰色中厚层灰岩，含菊石 | 陆棚相潮下较浅水低能带 | |
| | | | 殷坑组 | $T_1y$ | 63.90～114.61 | 页岩钙质页岩夹灰岩，含蛇菊石、克氏蛤 | | 石灰岩 |

续表

| 界 | 系 | 统 | 地层名称 | 代号 | 厚度/m | 主要岩性 | 沉积环境 | 沉积矿产 |
|---|---|---|---|---|---|---|---|---|
| 上古生界 | 二叠系 | 上统 | 大隆组 | $P_2d$ | 14.29~31.39 | 硅质页岩与燧石层,含菊石、戟贝 | 浅海盆地相 | 钼 |
| | | | 龙潭组 | $P_2l$ | 33.29~80.07 | 长石石英砂岩、粉砂岩、炭质页岩夹煤层,含烟叶大羽羊齿 | 滨岸沼泽相 | 钼、煤 |
| | | 下统 | 孤峰组 | $P_1g$ | 50.76 | 硅质页岩与燧石层互层,含鳞结核页岩、菊石、焦叶贝 | 浅海盆地相 | 磷 |
| | | | 栖霞组 | $P_1q$ | 154.19~189.62 | 含煤页岩、沥青质灰岩、中至厚层灰岩,含燧石结核或团块,喀苏得米斯、多壁珊瑚 | 开阔台地相 | 石灰岩 |
| | 石炭系 | 上统 | 船山组 | $C_3c$ | 5.19~15.88 | 厚层纯灰岩,上部为葛万藻灰岩、麦粒䗴、假互格䗴 | 潮下浅水低能带 | 灰岩 |
| | | 中统 | 黄龙组 | $C_2h$ | 29.98 | 粗晶灰岩、厚层块状灰岩,含始纺锤䗴、薄氏小纺锤䗴 | | |
| | | 下统 | 老虎洞组 | $C_1l$ | 11.72 | 灰质白云岩、白云岩,含轴管珊瑚 | 巢北缺失巢南发育 | — |
| | | | 和州组 | $C_1h$ | 15.59 | 黄褐色中厚层灰岩、泥质灰岩,含甘肃袁氏珊瑚、长身贝等 | 开阔台地相 | — |
| | | | 高骊山组 | $C_1g$ | 6.10 | 杂色砂页岩、黏土质页岩互层,夹赤铁矿层和薄煤层,含贵州珊瑚、植物碎片 | 滨岸湖泊沼泽相 | 赤铁矿黏土 |
| | | | 金陵组 | $C_1j$ | 3.64~9.61 | 灰白色灰岩砂岩、粉砂质夹泥灰岩,含假乌拉珊瑚、笛管珊瑚 | 开阔台地相 | — |
| | 泥盆系 | 上统 | 五通组 | $D_3w$ | 163.17~219.05 | 石英砾岩、石英砂岩、细砂岩、黏土质页岩,上部夹薄层赤铁矿和劣煤层,奇形亚鳞木拟鳞木等 | 滨岸湖泊沼泽相 | 褐铁矿黏土 |
| 下古生界 | 志留系 | 上统 | 茅山组 | $S_3m$ | 21.77 | 上部紫红色中厚层铁质细砂岩,下部灰白色细粒石英砂岩夹粉砂质页岩 | 三角洲相 | — |
| | | 中统 | 坟头组 | $S_2f$ | 225.79~302.07 | 黄绿色、灰绿色细砂岩夹粉砂质页岩及砂质页岩,含中华棘鱼、王冠虫 | 广海陆棚相 | — |
| | | 下统 | 高家边组 | $S_1g$ | >271.89 未见底 | 粉砂岩、细砂岩及页岩互层,粉砂质页岩夹砂岩,笔石 | 广海陆棚相 | — |
| | 寒武系 | 上统 | 冷泉王组 | $C_3l$ | 不详 | 深灰色厚层白云岩 | 浅海相 | — |
| 上元古界 | 震旦系 | 中统 | 灯影组 | $Z_2dn$ | 不详 | 灰白色厚层白云质灰岩、砂屑灰岩 | 滨海—浅海相 | — |

另外,在7410厂和王乔洞两处出露小型酸性侵入岩——黑云母花岗岩,根据邻区资料,可能形成于早白垩世晚期(燕山晚期)。

## 第四节 地质教学实习区地质构造

地质教学实习区地处滨太平洋构造域,下扬子准地台东段的北西边缘,郯庐大断裂带的东侧。北东向的新华夏系第二隆起带与近东西向的秦岭构造带在本区附近相交,所以,总的大地构造格局比较复杂。本区构造基本上以北北东向线性褶皱为特征,北东与北西的断层也较发育。

### 一、褶皱构造

地质教学实习区内由东往西主要褶皱构造有:维尼龙厂—猫耳洞向斜,凤凰山—7410厂背斜,平顶山—马家山向斜。

现就平顶山—园山向斜的主要特征简述如下:

平顶山—马家山向斜是贯穿本区北部的主要褶皱构造,分布于阴都山,马家山,碾盘山和园山一带。往北东—南西方向延长约 9 km,宽 1.5~2 km。向斜核部由三叠系薄至中薄层致密灰岩组成,两翼由二叠系、石炭系、泥盆系、志留系岩层所组成。褶曲轴近 NNE—SSW 向,枢纽向 NE 方向扬起,根据转折端产状的变化,可知为一条曲线。该向斜东南翼倾向 NW,倾角一般为 55°左右;西北翼三叠系、二叠系、部分石炭系岩层产状基本正常,即倾向 SE,但倾角较陡,为 70°~80°,而老地层泥盆系、志留系岩层局部有倒转现象,倾向 NW,倾角为 50°~60°,向斜的东北部两翼产状正常,但倾角则变得稍缓和些,东南翼 NW299°∠43°,北西翼 SE135°∠64°。转折端产状为 SW210°∠52°,属次圆滑曲线形态。由上分析可知此向斜为一斜歪曲的短轴向斜构造并向 SW 倾伏,由此向斜往南东方向过渡为凤凰山—7410 厂背斜构造。

### 二、断裂构造

地质教学实习区内断裂构造颇为发育。主要断层有基本平行于总构造线方向的扁井—猫耳洞压性断裂,凤凰山、麒麟山与朝阳山之间山坳里的压性断裂、麒麟山南坡泥盆系地层中的压性断裂,同时还发育多组张性和扭性断裂,但其规模都较小。

在更大一些的范围里,通过统计断层的走向,从编制的断层走向玫瑰花图可清楚地看出,本区断裂构造主要有北东和北西两个方向。

根据区域不整合,巢湖地区地层可分为后皖南构造层(上震旦统—中三叠统)、燕山期构造层(侏罗系)及喜山期构造层(上白垩统)。第一构造层从上震叠旦到中三叠统,全区无角度不整合,加里东运动仅在本区表现为南北差异升降运动。印支运动时期,在区域性南北向的挤压应力作用下,使得教学实习区内三叠纪以前的所有地层卷入,形成一系列近东西向褶皱。三叠纪后燕山运动使整个中国东部处于近南北向力偶的作用下,产生一系列的北北东—北东向左行平移断裂,郯庐断裂带就是其中一条规模最大的断裂系统。由此而衍生出一对北西—南东向最大主压应力,把早期褶皱、断裂构造强烈改造,产生剧烈的扭曲,压密,使其轴面大都西倾,形成走向 SE30°左右的构造形迹,且轴迹也发生相应的北西凸出的弧形现象。这种形式可视为郯庐断裂带左行拖曳而成。本区褶皱走向与郯庐断裂带近于平行或以锐角相交,而指示其左行平移。可以说,本区构造发展史与郯庐断裂带有一致性。

至燕山晚期,这种南北向古应力场长期存在,是构成本区构造发展演化的关键。燕山晚期至喜山期,近东西向挤压代替了以前构造应力场,使前两期构造均受强烈改造,后期断裂活动主要是在早期断裂基础上进行归并、复合、追踪而成。因此,本区断裂具有多期多样活动特征,产生了现在看到的不同走向,不同力学性质的断层。现存的构造格局是三期区域构造应力场配合、叠加的结果。

## 第五节　区域地质发展简史

巢湖地区地处下扬子拗陷带的边缘,震旦纪时为浅海,自寒武纪至晚志留世,地壳逐渐上升,沉积了自灯影组—坟头组组成的海退序列,由海相含镁碳酸盐建造—浅海相碳酸盐建造—还原至半还原浅海陆棚相碎屑岩建造,各地层间为整合—假整合接触,反映了地壳运动的相对稳定性。志留纪末期,华南发生了强烈的加里东运动,本区受到深刻影响,海水退却,成为陆地,接受剥蚀,因而缺失晚志留统茅山组地层。到晚泥盆世初,在准平原化的条件下开始堆积平原型河流沉积,随着出现了大型的湖泊沉积,这就是上泥盆统五通组石英砂岩和页岩地层,局部地区堆积了薄薄的赤铁矿层。早石炭世,本区处于海陆交互地带,海水时进时退,堆积了具有滨岸沉积特征的下石炭统的灰岩、页岩和砂岩。从中石炭世到早二叠世,地壳稳定而缓慢地持续下沉,在沉陷得到沉积物补偿的条件下,堆积了浅海的碳酸盐沉积,这时,气候温暖,海中生物繁盛,化石丰富,从远处周期性搬来的硅质物质,以薄层硅质岩或燧石结核的形式堆积下来。早二叠世末期还堆积了含锰磷的沉积物,这就是下二叠统孤峰组。早、晚二叠世之交,地壳有上升隆起过程,称为东吴运动,使本区海水撤退,成为滨海沼泽环境,从而堆积了上二叠统的含煤沉积——龙潭煤系。东吴运动毕竟是短暂的,到晚二叠世后期,海水复行侵入,直至中三叠世后期为止,本区堆积了浅海特征的上二叠统大隆组和下、中三叠统地层。三叠系形成后,本区发生了印支运动,结束了下扬子地带长期海侵的历史,使震旦系灯影组至三叠系月山组所有地层褶皱,形成山脉与山间盆地相交织的地貌。在山间盆地中堆积了下中侏罗统的象山群砂岩、页岩沉积。侏罗纪(燕山早期),整个中国东部处于南北向力偶的作用,产生一系列的北北东—北东向左行平移断层,并伴有中性火山喷发,形成了侏罗系毛坦厂组(巢湖姥山出露)安山质、粗安质凝灰岩、角砾岩、集块岩。白垩纪(燕山晚期)出现一些小型酸性侵入体。

# 第二章 教学实习观测路线及内容

## 第一节 铸造厂后山基本训练路线

### 一、教学实习观测路线

自铸造厂出发,经水泥厂上山,在麒麟山南山脚采石场进行基本训练,观察和州组(老虎洞组)、黄龙组和船山组灰岩;然后向西到凤凰山南山脚观察泥石流沉积物和滑坡体岩性地层,最后返回到铸造厂医院南面观察象山群的岩性。

### 二、教学实习内容

(1) 地质罗盘仪的使用方法练习,掌握罗盘仪磁偏角的校正和岩层产状及地形坡角的测量方法。
(2) 地形图的读图,掌握前方交汇、后方交汇和地形、地物定点的方法。
(3) 标本采集和编号的方法和规格。
(4) 区分层面、节理面和断层面。
(5) 掌握地质点的观察内容和记录格式。
(6) 观察和州组(老虎洞组)、黄龙组和船山组灰岩。
(7) 观察滑坡、泥石流沉积物,分析泥石流成因。
(8) 观察象山群的岩性特征,掌握砂岩、页岩的鉴定方法。

## 第二节 麒麟山路线

### 一、教学实习观测路线

自麒麟山南山脚沿山路而上,至麒麟山顶,再沿山脊向西,到凤凰山和朝阳山的鞍部,最后顺麒麟山和凤凰山之间的沟谷南下返回。

### 二、教学实习内容

(1) 观察栖霞组灰岩内蜓、珊瑚化石。
(2) 观察栖霞组灰岩的岩性特征,注意其颜色、燧石结核和硅质岩及页岩的多少变化。
(3) 认识船山组灰岩及船山球的特征。
(4) 系统观察和描述路线上出露的黄龙组、和州组(老虎洞组)、高骊山组、金陵组、五通组、坟头组和高家边组的岩性特性,采集各地层的岩石和化石标本。

（5）观察麒麟山南坡走向断层，包括断层面产状、岩石、断层性质及派生的节理构造等，并画素描图。

（6）观察五通组石英砂岩层面上的波痕和泥裂现象，画素描图。

（7）在麒麟山顶观察实习区的山势地貌，并在地形图上确认主要的山头。

（8）观察坟头组砂岩内的斜层理，并画素描图。

（9）于凤凰山与朝阳山之间山鞍背斜转折端，观察岩层产状的变化，系统测量转折端和两翼岩层产状。

（10）观察鹰嘴岩断层，画素描图；利用断层擦痕及派生构造判定断层错动方向；认识区别底砾岩和断层角砾岩。

图 4-2-1 为麒麟山东南坡实测导线图和实测地质剖面图。

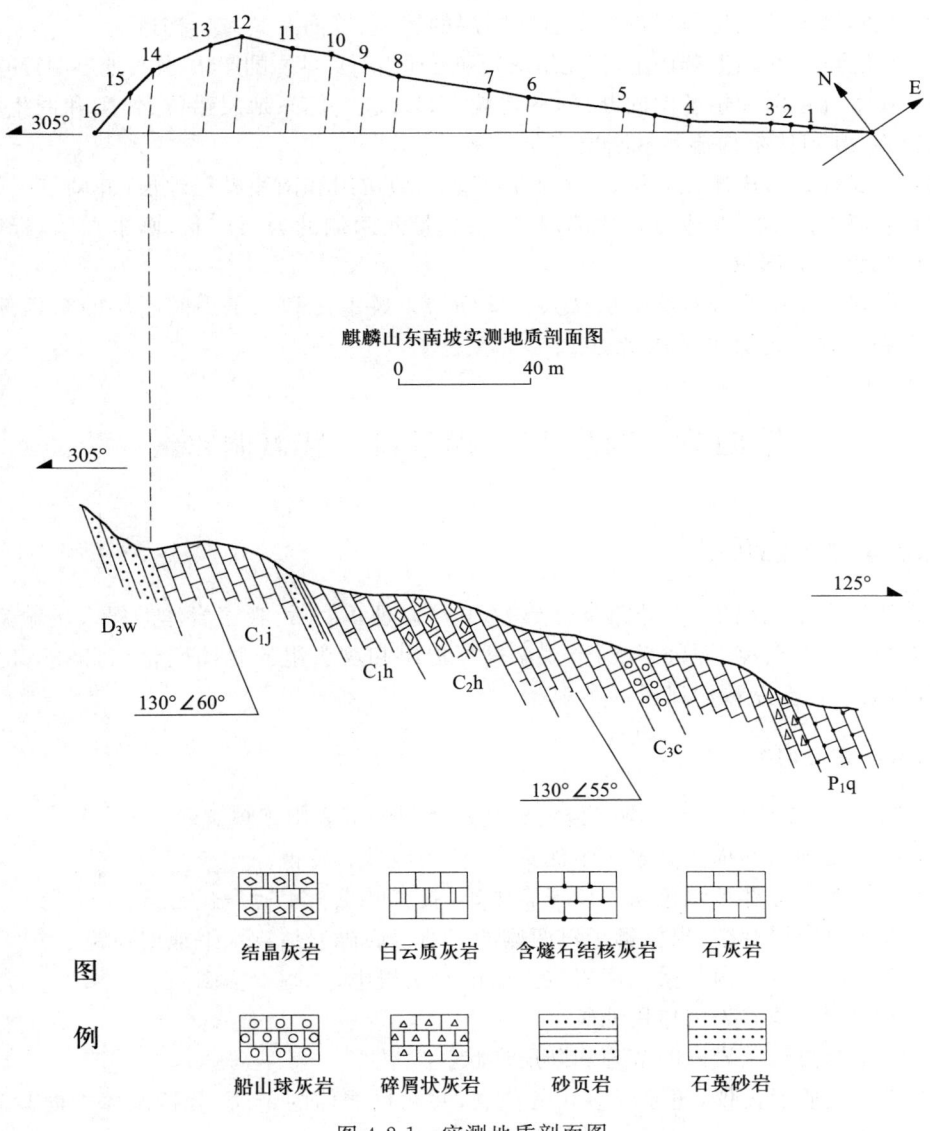

图 4-2-1 实测地质剖面图

## 第三节　石桥—帽子山—和尚山—平顶山路线

### 一、教学实习观测路线

乘车到石桥下,沿帽子山—姚家山—和尚山—平顶山观察,至朝阳山西南山脚采石场观察后返回。

### 二、教学实习内容

(1) 观察栖霞灰岩内线理石香肠构造,测量其产状,分析其与褶皱的关系。
(2) 观察栖霞组灰岩与船山组灰岩间断层的擦痕、镜面及其派生构造。
(3) 系统测量栖霞组、船山组、黄龙组灰岩和五通组石英砂岩的产状,分析地层倒转的原因。
(4) 观察姚家山和帽子山间断层,从地貌、水系线状分布、地层错位、伴生和派生构造确认断层存在,利用伴生构造测量断层产状。
(5) 系统观察和描述孤峰组、龙潭组、大隆组、殷坑组和南陵湖组地层,并画信手剖面。
(6) 平顶山西 133 高地向斜核部观察,系统量测两侧的岩层产状,画素描图,标明岩性及岩层产状测量的部位。
(7) 巢湖水泥厂北采石坑断层观察。此断层是姚家山和帽子山间断层的东延部分,造成石炭系和二叠系地层水平视错动。

## 第四节　7410 厂—狮子口—紫薇洞路线

### 一、教学实习观测路线

自铸造厂东小门出发,沿铁路步行至 7410 厂修理车间后,观察岩体的侵入接触关系,再沿水库大坝上行至公路,顺公路下行,观察高家边组和坟头组的岩性变化,到狮子口找三叶虫化石,最后步行至紫薇洞风景区参观。

### 二、教学实习内容

(1) 7410 厂修理车间后花岗岩侵入到高家边组泥页岩中现象观察。
(2) 沿公路观察和描述高家边组泥页岩、坟头组砂岩特征。
(3) 在坟头组上部黄绿色粉砂质泥岩中,寻找三叶虫—王冠虫化石。
(4) 狮子口断层观察,根据狮子口两侧的五通组底砾岩估算水平地层断距。
(5) 紫薇洞风景区内观察花岗岩侵入船山组灰岩中,并画素描图。
(6) 王乔洞内观察岩溶作用地貌。
(7) 测量栖霞组灰岩内的节理和断层产状。
(8) 带好地质罗盘仪,随导游参观紫薇洞,并测量洞体的走向,分析洞体走向与岩层走向和节理的关系;观察溶沟、溶槽、落水洞、地下暗河等岩溶地貌;了解溶洞风景资源开发设计——景观设计、游路设计、灯光设计的原则和方法。

## 第五节　许家村路线

**一、教学实习观测路线**

乘车至许家村,在采石坑观察岩性及断层构造。

**二、教学实习内容**

(1) 观察灯影组和冷泉王组的岩性特征。
(2) 观察夏阁—盛桥断层及其派生构造。

## 第六节　忠庙—姥山路线

**一、教学实习观测路线**

乘车至忠庙,观察忠庙的基底岩性;乘船至姥山岛,顺实习路线参观。

**二、教学实习内容**

(1) 观察忠庙黑石渡组紫红色砂砾岩和砖红色砂岩。
(2) 观察姥山毛坦厂组安山质、英安质凝灰岩、角砾岩、集块岩、砂岩和钙质页岩等岩性特征。
(3) 观察构造挤压劈理,分析其与郯庐断裂的关系。
(4) 观察姥山港,分析其选址的合理性。

## 第七节　银屏山路线

**一、教学实习观测路线**

先随导游参观溶洞,然后沿小路上山,观察地层岩性,再沿公路下山。

**二、教学实习内容**

(1) 参观溶洞及岩溶地貌,分析其成因。
(2) 观察银屏山 D—P 地层,对比巢南地层和巢北地层。

# 附录一　地层剖面

## 一、狮子口志留系地层剖面

位于狮子口东侧,剖面起点出露下志留统高家边组中段,岩性为黄绿色片状页岩,上段为黄绿色薄层泥质细砂岩,往上为黄绿色片状砂质泥岩夹薄层泥质细砂岩。

中志留统坟头组与高家边组为整合接触。坟头组的岩性为黄绿色中厚层石英细砂岩,夹泥质粉砂岩。往上为一套黄色石英细砂岩,具大型交错层理。还有岩屑石英砂岩,含泥砾岩屑石英砂岩,泥砾上含磷,厚 271.20 m。剖面的坟头组自下而上断断续续均可找到三叶虫、腕足类瓣鳃类、腹足类、鱼类等化石,在坟头组的上部有两个含化石丰富的层位。

中志留统坟头组与泥盆系五通组呈假整合接触,在本区缺失上志留统茅山组。

## 二、凤凰山泥盆系石炭系地层剖面

剖面位于凤凰山南坡铸造厂采石场。构造部位处在凤凰山背斜的南东翼,地层走向30°,倾角60°～70°。出露地层有上泥盆五通组,下石炭统金陵组,高骊山组与和州组;中上石炭统黄龙组、船山组,各组间的接触关系为假整合接触,以五通组与下石炭统之间的假整合接触关系最为明显。剖面如下:

上覆地层下二叠统栖霞组($P_1q$)
65. 黑色炭质页岩及劣煤层
……………………………假　整　合……………………………
上石炭统船山组($C_3c$)
64. 深灰至灰黑色中薄层含生物碎屑灰岩及灰微显红色薄层含生物碎屑球状灰岩　　2.56 m
63. 灰至深灰黑色薄至中薄层致密灰岩　　　　　　　　　　　　　　　　　　　　2.63 m
……………………………假　整　合……………………………
中石炭统黄龙组上段($C_2h^2$)
62. 灰黄色黏土岩夹灰微显棕色假鲕状灰岩透镜体　　　　　　　　　　　　　　　1.14 m
61. 灰微显棕色中薄层,局部中层致密灰岩　　　　　　　　　　　　　　　　　　10.37 m
60. 深灰色薄至中薄层微粒状灰岩　　　　　　　　　　　　　　　　　　　　　　3.52 m
中石炭统黄龙组下段($C_2h^1$)
59. 灰或灰微显红色中薄层含生物碎屑致密灰岩　　　　　　　　　　　　　　　　14.95 m
……………………………假　整　合……………………………
下石炭统和州组上段($C_1h^2$)
58. 浅灰色中至中厚层、局部中薄层含生物碎屑灰岩　　　　　　　　　　　　　　3.94 m
57. 浅灰色薄至中薄层含粉砂质、白云质灰岩　　　　　　　　　　　　　　　　　0.25 m

56. 灰黄色薄层微粒灰岩夹灰绿色钙质泥岩,似互层　　　　　　0.79 m
55. 深灰绿色含粉砂质泥岩　　　　　　0.27 m
54. 浅紫灰色巨厚层状含泥质灰岩　　　　　　5.89 m
53. 棕灰色薄层粗晶灰岩　　　　　　0.21 m
52. 灰绿、灰黄绿色含钙质结晶泥岩　　　　　　0.37 m
　　下石炭统和州组下段（$C_1h^1$）
51. 灰黄色薄层含泥质粗晶灰岩　　　　　　1.78 m
50. 灰色中薄层致密灰岩　　　　　　1.13 m
49. 黄灰色薄至中薄层含泥灰质白云岩　　　　　　0.65 m
48. 灰绿色钙质泥岩夹灰绿色含泥质灰岩透镜体　　　　　　0.57 m
47. 灰色中薄层含泥质白云质灰岩　　　　　　0.79 m
46. 灰色中至中厚层致密灰岩　　　　　　2.58 m
45. 灰色钙质泥岩　　　　　　0.86 m
44. 灰、深灰色中薄至中厚层致密灰岩　　　　　　3.28 m
43. 灰色钙质泥岩　　　　　　0.40 m
42. 深灰色薄至中薄层含生物碎屑含白云质灰岩　　　　　　1.58 m

·················假　整　合·················

　　下石炭统高骊山组（$C_1g$）
41. 灰白色薄层细粒石英砂岩　　　　　　1.43 m
40. 浅灰黄色黏土　　　　　　2.32 m
39. 紫、黄等杂色页岩,含钙质结核泥岩夹含泥白云岩透镜体　　　　　　4.40 m
38. 灰—深灰微显绿色致密含炭质页岩　　　　　　2.96 m
37. 赤铁矿层　　　　　　0.36 m

·················假　整　合·················

　　下石炭统金陵组（$C_1j$）
36. 黑灰色薄—中薄层生物碎屑,含泥质灰岩　　　　　　2.39 m
35. 灰黑色中薄层含生物碎屑（具黑色方解石斑点）灰岩　　　　　　2.33 m
34. 褐黄色微薄层泥岩,含铁质结核夹铁质石英粉砂岩　　　　　　0.65 m

·················假　整　合·················

　　上泥盆统五通组上段（$D_3w^2$）
33. 棕黑色薄层含粉砂质铁锰层　　　　　　0.10 m
32. 浅灰色薄层泥岩、粉砂质泥岩　　　　　　2.10 m
31. 灰色、棕灰色薄至中薄层石英粉砂岩　　　　　　0.87 m
30. 灰色微薄至薄层泥质石英粉砂岩　　　　　　0.49 m
29. 灰色中至厚层细粒石英砂岩　　　　　　0.30 m
28. 浅灰色薄层泥岩、粉砂质泥岩夹棕褐色铁质粉砂岩　　　　　　3.20 m
27. 灰色薄层至中薄层细粒石英砂岩　　　　　　1.50 m
26. 灰色薄层粉砂质泥岩夹紫褐色微薄层铁质粉砂岩,时呈互层　　　　　　1.41 m
25. 灰白色薄至中薄层细粒铁质石英砂岩　　　　　　3.28 m

24. 灰黑色薄层含炭质泥岩     4.58 m
23. 灰白色中至中薄层细粒至中细粒石英砂岩     6.26 m
22. 浅灰色中厚层细粒石英砂岩     2.71 m
21. 浅灰白色薄层细粒砂岩     2.21 m
20. 灰白色中至中薄层细粒石英砂岩夹灰微显绿色薄层石英粉砂岩及浅灰绿色黏土     24.72 m
19. 灰白色中至中薄层细粒石英砂岩     2.35 m
18. 灰白色薄层粉砂岩夹微显绿色薄层泥岩,局部互层     3.63 m
17. 灰白色中至中薄层细粒石英砂岩     10.06 m
16. 灰、浅紫、灰黄、绿色不同之薄至中薄层石英粉砂岩     6.57 m
15. 灰白微显黄色中至中薄细至中细粒石英粉砂岩     7.22 m
14. 灰白色薄至中薄层石英粉砂岩,由下往上单层厚度逐渐增厚     5.12 m
13. 灰白色薄至中薄层石英砂岩     5.41 m
12. 灰白微显黄色薄至中薄层细粒石英粉砂岩     7.60 m
11. 灰白色局部褐紫色薄层细粒石英砂岩     4.60 m
10. 灰白、浅黄灰色中层石英粉砂岩     6.02 m
9. 灰白色中层细粒石英粉砂岩     1.77 m
8. 灰白色薄至中薄层石英细砂岩     9.12 m
7. 灰白色中至中薄层细粒石英砂岩     16.57 m
6. 灰白色中至中薄层细粒石英砂岩     4.42 m
5. 灰黄色中厚层石英细砂岩与灰微显紫色中厚层含砾石英砂岩互层     15.91 m
4. 灰微带紫红色中层致密含铁质石英细砂岩     0.49 m
3. 粉紫色中薄层含铁质石英砂岩     1.66 m
2. 灰白色中厚层含砾石英粉砂岩     2.34 m
1. 灰白色中至中厚层含砾电气石石英细砂岩或石英砾岩     3.79 m

·······························假 整 合·······························

下伏地层中志留统坟头组($S_2f$)

灰黄或黄灰色泥质粉砂岩夹粉砂质泥岩,时呈互层,与紫、暗紫色含铁质页岩互层较厚。

剖面附近重要地质观察点:

从剖面处登到山顶面向北东方向,可见到凤凰山背斜被侵蚀而成的典型背斜谷;面向南西方向可见背斜倾伏转折端。凤凰山背斜轴向 30°,南端稍有弯曲,长 6 km 以上,核部地层为志留系高家边组,翼部为志留系坟头组至三叠系月山组;两翼宽度大致相等,均在 1 km 左右。产状基本正常,北西翼倾向 295°~315°,倾角 40°~60°;南东翼倾向 110°~145°,倾角 50°~85°,局部倒转是受断层影响所致。枢纽向南西倾伏,倾伏 5°左右。轴面倾向 310°~320°,倾角 80°以上,为线形斜歪褶曲。

### 三、平顶山二叠系地层剖面

位于马家山向斜的北西翼,地层走向北东 30°,倾角 68°。本剖面栖霞组,大隆组出露较好,孤峰组、龙潭组露头较差,局部掩盖。本地层为开阔台地相潮下浅水低能带碳酸盐建造。

上覆地层：下三叠统殷坑组（$T_1y$）

灰黄色薄层泥灰岩

———————————整　　合———————————

上二叠统大隆组（$P_2d$）

51. 灰黑色炭质页岩与灰微显棕色灰质泥岩或泥质灰岩互层夹一层灰色泥质
白云岩及四层黄或黄白色黏土　　　　　　　　　　　　　　　　3.77 m
50. 暗猪肝色微含炭质页岩，炭质增高时可成含炭质页岩，局部夹黑色硅质岩　4.05 m
49. 灰黄、灰色粉砂质页岩　　　　　　　　　　　　　　　　　　　0.96 m
48. 暗猪肝色或微含炭质页岩与黑色页岩互层局部夹黑色硅质层　　　　4.81 m
47. 黑色炭质页岩　　　　　　　　　　　　　　　　　　　　　　　1.73 m
46. 暗猪肝色含炭质页岩　　　　　　　　　　　　　　　　　　　　1.39 m
45. 褐色薄层硅质岩夹粉紫色含砂质钙质页岩或呈互层出现　　　　　　3.77 m

———————————整　　合———————————

上二叠统龙潭组（$P_2l$）

44. 褐黄色薄至中薄层铁质石英细砂岩，顶部为灰、黄色泥岩，局部见深灰色，
含生物碎屑致密灰岩透镜体　　　　　　　　　　　　　　　　　1.41 m
43. 深灰色局部黑灰色炭质粉砂质泥岩　　　　　　　　　　　　　　1.84 m
42. 黄灰色、灰色粉砂质泥岩，泥质粉砂岩与灰显红色粉砂质泥岩，大致互层
并逐渐过渡　　　　　　　　　　　　　　　　　　　　　　　　6.99 m
41. 灰至灰白色中薄至厚层长石石英细砂岩　　　　　　　　　　　　7.44 m
40. 黑灰色局部灰黑色含炭质页岩　　　　　　　　　　　　　　　　7.04 m
39. 棕黄、灰色泥岩、粉砂质泥岩夹黑色炭质页岩或煤线　　　　　　　3.00 m
38. 黄灰色中薄层含钙质长石石英细砂岩　　　　　　　　　　　　　1.47 m
37. 棕黄、灰色含粉砂质泥岩、泥质粉砂岩，以前者为主，夹黄灰色泥岩、
粉砂质泥岩，时呈互层，局部含褐紫色铁质结核　　　　　　　　　2.94 m
36. 灰显黄棕色、棕灰色含铁质泥质石英粉砂岩　　　　　　　　　　4.25 m

———————————整　　合———————————

下二叠统孤峰组（$P_1g$）

35. 褐黄色、棕黄灰色含硅质粉砂质泥岩（硅质较高），局部夹灰、黄灰色
粉砂质泥岩及少量棕褐色铁质粉砂岩　　　　　　　　　　　　14.90 m
34. 棕、灰黄色粉砂质泥岩夹灰、黄灰色粉砂质泥岩局部棕褐色含铁质石英粉
砂岩等，时呈互层　　　　　　　　　　　　　　　　　　　　　4.40 m
33. 灰至灰白色黏土　　　　　　　　　　　　　　　　　　　　　　3.62 m
32. 暗棕色至棕黑色含炭质锰土层　　　　　　　　　　　　　　　　1.21 m
31. 黄灰微显红色钙质页岩夹黑色硅质岩及粉紫色钙质页岩等，时呈互层　1.73 m
30. 黄灰、土黄、浅棕色钙质页岩，内含少量磷结核　　　　　　　　　2.77 m
29. 黑色中薄层硅质层，局部夹含铁锰质泥岩　　　　　　　　　　　2.00 m
28. 黄灰色微显红色钙质岩，底部含砾　　　　　　　　　　　　　　2.00 m

·······················假 整 合························

下二叠统栖霞组（$P_1q$）

| | |
|---|---|
| 27. 灰至深灰色中层含生物碎屑致密灰岩，含白云质灰岩 | 2.86 m |
| 26. 深灰至黑灰色中薄层至中层含燧石结核致密灰岩 | 9.48 m |
| 25. 灰至灰黑色中层含燧石结核白云质灰岩 | 2.50 m |
| 24. 黑色中薄层硅质岩与深灰色致密白云质灰岩及黑灰色薄板状硅质灰岩互层出现 | 4.43 m |
| 23. 灰至深灰色局部黑灰色中薄层局部中层含燧石结核致密灰岩 | 3.23 m |
| 22. 深灰至黑灰色中薄至中层致密灰岩 | 7.29 m |
| 21. 深灰至黑灰色中薄局部中层致密灰岩 | 25.56 m |
| 20. 深灰至黑灰色中薄至中层致密灰岩 | 7.72 m |
| 19. 灰至深灰色局部黑灰色中薄至中层局部中厚层含燧石结核灰岩 | 7.14 m |
| 18. 灰至黑灰色中薄层局部中层致密灰岩，夹灰黑色薄层含沥青质泥灰岩，时呈互层 | 14.22 m |
| 17. 黑灰至灰黑色中薄层局部中层致密灰岩夹黑色薄层含沥青质泥灰岩，时呈互层 | 8.87 m |
| 16. 灰黑色中薄至中层局部中厚层含少量燧石结核灰岩局部夹页状灰岩 | 3.51 m |
| 15. 深灰至黑灰色中薄层致密灰岩夹灰黑色薄层沥青质含生物碎屑泥质灰岩，时呈互层 | 3.10 m |
| 14. 黑灰色中薄层局部中厚层含燧石结核致密灰岩 | 3.94 m |
| 13. 黑色薄层燧石层夹深灰色含燧石结核致密灰岩透镜体及灰黑色薄层含生物碎屑粉砂质泥岩，时呈互层 | 3.37 m |
| 12. 黑灰至灰黑色局部深灰色薄至中薄层含燧石结核灰岩 | 1.43 m |
| 11. 黑灰至灰黑色局部深灰色中薄层局部中至中厚层含生物碎屑泥质灰岩 | 3.68 m |
| 10. 黑灰色局部深灰色薄至中薄层沥青质含生物碎屑泥质灰岩局部夹灰黑色页状沥青灰岩 | 3.73 m |
| 9. 黑灰色部分深灰色局部灰黑色中薄至中层局部薄层含沥青质致密灰岩 | 5.45 m |
| 8. 深灰色局部黑灰色中层致密灰岩 | 2.63 m |
| 7. 深灰局部微显红色薄至中薄层局部中层致密灰岩 | 8.92 m |
| 6. 深灰色部分黑灰色薄至中薄层致密灰岩 | 5.41 m |
| 5. 黑灰至灰黑色局部深灰色中薄—中层含沥青致密灰岩、局部夹灰黑色沥青质页状灰岩 | 7.13 m |
| 4. 深灰色、黑灰色、局部灰色薄至中薄层、局部中厚层致密灰岩 | 8.36 m |
| 3. 黑灰色局部深灰色含沥青质致密灰岩 | 9.92 m |
| 2. 黑灰色中薄至中层含沥青质生物碎屑灰岩 | 5.38 m |
| 1. 土黄色风化物 | 0.99 m |

·······················假 整 合························

下伏地层：上石炭统船山组（$C_3c$），为肉红色薄至中层球状灰岩。

剖面附近重要地质观察点：

在平顶山可清楚地看到马家山向斜的转折端。马家山向斜轴迹在平顶山一带，轴向39°，长 7 km，由北向南逐渐开阔。核部最新地层为中三叠统月山组，翼部由下三叠统南陵湖组至下志留统高家边组组成。两翼产状，北西翼倒转，倾角68°以上，东南翼正常，倾角50°～60°，枢纽北东端昂起，仰起角28°～37°，轴面弯曲，为直立至倒转褶曲。

### 四、马家山三叠系剖面

位于巢湖市马家山巢湖水泥厂的采石场，构造部位处在马家山向斜的北西翼，地层走向30°～40°，倾角68°以上。出露地层有下三叠统殷坑组和龙山组、南陵湖组和中三叠统月山组。各组间与其下伏二叠系之间均为连续沉积。

殷坑组($T_1y$)：厚83.76 m。浅灰绿或黄灰绿色泥、页岩、含粉砂质泥岩为主，夹棕灰色薄至中薄层泥质条带灰岩，含白云质泥灰岩。局部呈似瘤状，含丰富的化石，有菊石、瓣鳃类。

和龙山组($T_1h$)：厚21.24 m。以灰绿、灰黄绿、棕紫等杂色似瘤状灰岩与钙质泥岩互层为特征；中、上部以灰至深灰色中至中厚层灰岩为主。含菊石、瓣鳃类。

南陵湖组($T_1n$)：厚159.53 m。中至厚层致密灰岩与黄灰色薄层泥灰岩互层；中部以紫红、灰绿色薄层瘤状灰岩与灰色薄层致密灰岩互层；上部则为灰色薄层致密灰岩夹页岩，偏上含沥青较高，可见蠕虫状构造。化石极为丰实，有菊石、瓣鳃类、爬行类等。

月山组($T_2y$)：本区出露不全，厚度大于95.84 m。岩性为灰至浅紫色中至中厚层灰岩、白云质灰岩、钙质泥岩，砾块明显，风化面常具网状，蜂窝状和溶洞状构造，为蒸发台地相建造。

### 五、麒麟山东南坡地层剖面(自测)

下二叠统栖霞组($P_1q$)

| | |
|---|---:|
| 21. 深灰至灰黑色中层含少量燧石结核微粒结晶灰岩 | 26.43 m |
| 20. 深灰至灰黑色中层含燧石及沥青质微粒结晶灰岩 | 14.99 m |
| 19. 灰至灰黑色中厚层致密结晶灰岩 | 28.35 m |
| 18. 深灰至黑色薄至中厚层含燧石结核灰岩夹黑色粉砂质页岩 | 2.91 m |
| 17. 灰黑色中至薄层微粒结晶灰岩夹黑色硅质岩 | 10.94 m |
| 16. 灰黑色灰岩夹多层薄层沥青质粉砂质页岩 | 21.15 m |
| 15. 深灰色含较多方解石细脉微粒灰岩 | 24.83 m |

────────── 假 整 合 ──────────

上石炭统船山组($C_3c$)

| | |
|---|---:|
| 14. 灰至浅红色厚层含球状灰岩 | 2.85 m |
| 13. 深灰色微粒灰岩 | 3.83 m |

────────── 整 合 ──────────

中石炭统黄龙组($C_2h$)

| | |
|---|---:|
| 12. 浅肉红色致密白云质灰层 | 25.00 m |

────────── 假 整 合 ──────────

下石炭统和州组($C_1h$)

11. 浅灰色带浅肉红色中层含白云质灰岩（表面多孔，似姜粒状）　　　　5.91 m
10. 深灰色、灰色中薄层微粒灰岩　　　　7.66 m
9. 灰黑色、黄褐色等杂色薄至中层钙质、泥质灰岩　　　　8.33 m
———————————————— 假　整　合 ————————————————
　　下石炭统高骊山组（$C_1g$）
8. 灰白至灰黄色含铁质细粒石英砂岩　　　　3.17 m
7. 紫、紫褐、灰绿、灰黄等杂色页岩　　　　2.93 m
———————————————— 假　整　合 ————————————————
　　下石炭统金陵组（$C_1j$）
6. 深灰色、灰黑色中厚层方解石小晶体结晶灰岩　　　　8.26 m
———————————————— 假　整　合 ————————————————
　　上泥盆统五通组（$D_3w$）
5. 褐色薄层粉砂质泥岩夹细粒石英砂岩　　　　12.85 m
4. 乳白色、浅灰色中厚层细粒石英砂岩　　　　16.76 m
3. 含云母片铁质细粒石英砂岩，夹褐色千枚状页岩　　　　22.29 m
2. 灰白色细粒、中粗粒石英砂岩，往下含砾石英砂岩、石英砾岩　　　　106.53 m
———————————————— 假　整　合 ————————————————
　　中志留统坟头组（$S_2f$）
1. 黄绿色粉砂质页岩，含少量白云母片泥质细砂岩、泥质砂岩　　　　66.99 m
（未测到底）

# 附录二 实习区主要古生物化石

1. Fusulina cylsdrica Fischer(纺锤䗴)$C_2$(图 4-附-1)

壳子略呈圆筒形,中部微微拱起,轴率为 3.5:1,旋圈通常为 5~6 个,转得很紧,壳壁是由致密层、透明层、疏松层三层所组成,第一个旋圈的壳壁很薄,仅 0.014 mm,但厚度增加很快,最后的一个旋圈厚达 0.055 mm,隔板较壳壁为薄,褶皱得不是很厉害,旋脊也可看到,胎壳大,呈球形,直径在 0.28 mm 左右,产于中石炭系黄龙灰岩内。

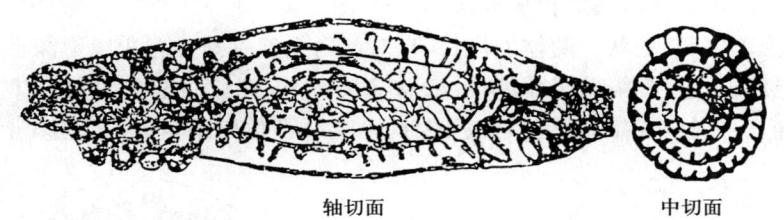

轴切面　　　　中切面

图 4-附-1　纺锤䗴

2. Fusulinella bocki Moller(薄氏纺锤䗴)$C_2$(图 4-附-2)

壳小至中等,纺锤形,旋壁四层式。隔壁仅在两极微有褶皱。旋圈旋壁薄为三层式(缺外疏松层)。

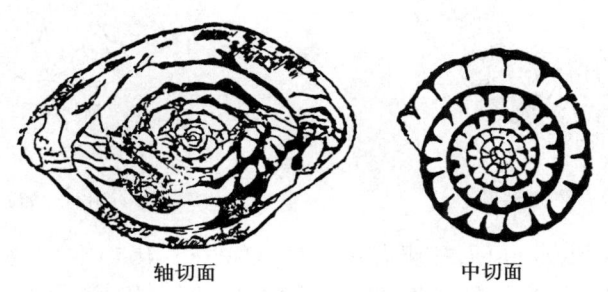

轴切面　　　　中切面

图 4-附-2　薄氏纺锤䗴

3. Misellina claudiae Deprat(喀劳米狄氏䗴)$P_1^1$(图 4-附-3)

壳小,略呈椭圆球形。壳圈八圈。旋壁薄,由致密层、蜂巢层及内疏松层组成。副隔壁底部有一排列孔。旋脊发育,高度占壳室高 2/3。初房小。

4. Nankinella Orbicularia Lee(南京䗴)$P_1^1$(图 4-附-4)

壳小至大,透镜形、壳缘窄圆。旋壁四层式。隔壁平直。旋脊小而显著,呈三角形,通道为新月形。

5. Kueichouphyllum Yu(贵州珊瑚)$C_1$晚期(图 4-附-5)

大型单体,锥柱状。隔壁多而长,在横板带内常加厚,少数会集中心。次级隔壁也长,主内清晰。鳞板带宽、呈规则同心状。横板呈泡沫状,向中心上升。

轴切面

图4-附-3 喀劳米狄氏蜓

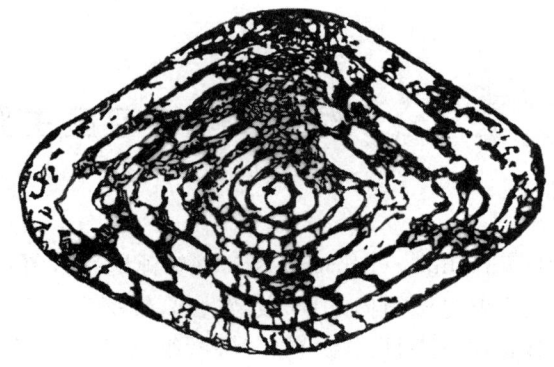

图4-附-4 南京蜓

**6. Pseudouralinia Yu(假乌拉珊瑚)$C_1$早期(图4-附-6)**

大、中型为单体、锥柱状。随体的增长,自对部向主部逐渐发育边缘泡沫带,泡沫带外缘常有数列小泡沫板。主部隔壁短而厚;对部隔壁长而薄,且常伸至主部与主部隔壁相遇,次级隔壁不发育。主内沟成年期明显,横板泡沫型,向体凸侧倾斜,与边缘泡沫带界限不清。

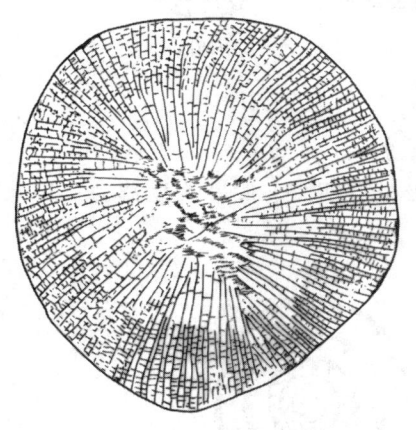

图4-附-5 贵州珊瑚

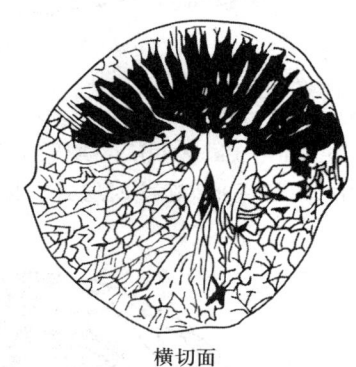

横切面

图4-附-6 假乌拉珊瑚

**7. Lithostrotion Fleming(石柱珊瑚)$C_1$晚—$C_2$(图4-附-7)**

块状复体,外壁完整,个体呈多角柱状或圆柱状。隔壁长,短两级。对隔壁伸达中心加厚形成中轴,鳞板带窄,鳞板呈小球状。横板向中轴上升,呈帐篷状。

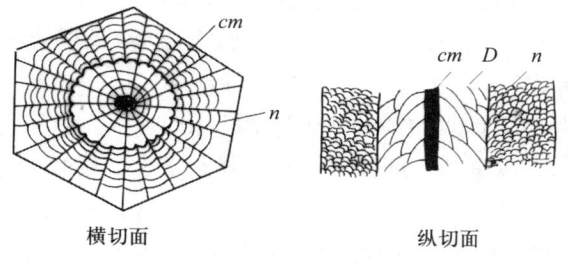

横切面　　纵切面

图4-附-7 石柱珊瑚

8. Yuanophyllum Yu(袁氏珊瑚)$C_1$ 晚(图 4-附-8)

单体,弯锥柱状。成年期一级隔壁伸达中心、老年期后短。末端旋扭,常在横板带内加厚,尤以主部显著。对隔壁伸达中心加厚形成中轴。幼年中轴粗而直,成年中轴变薄、弯曲,但仍与隔壁相连。次级隔壁甚短。主内沟随珊瑚体生长而明显。鳞板带宽占半径之一半,鳞板呈角状或人字形,少数同心状。横板泡沫状,向中轴上升。

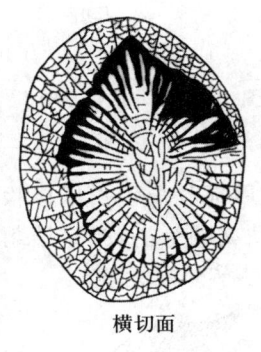 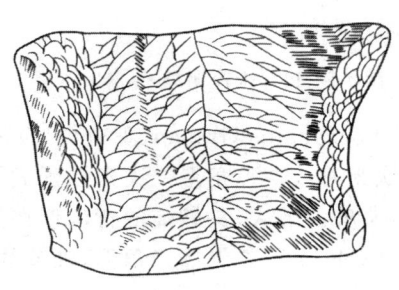

横切面　　　　　　　　　　　纵切面

图 4-附-8　袁氏珊瑚

9. Polythecalis Yabe et Hayasaka $P_1$(多壁珊瑚)(图 4-附-9)

块状复体,个体呈不规则多边形。外壁部分消失,个体间以泡沫板相挡,边缘泡沫板凸度大、规则。隔壁伸入泡沫带,隔壁带与泡沫带界限分明,其间有内墙。复中柱较小,由中板、规则的幅极及斜板组成。横板向复中柱倾斜。

10. Syringopora Coldfuss(笛管珊瑚)$O—P_1$(图 4-附-10)

丛状复体,由圆柱状个体组成,具连接管,呈垂直排列或不规则分布。横板漏斗状,具不太发育或断续的轴管。

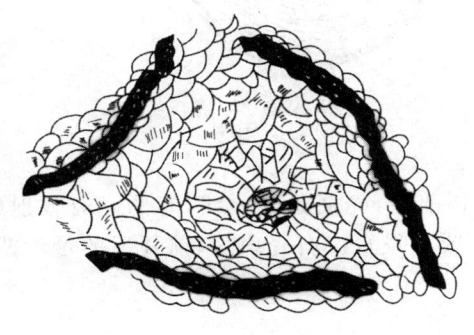 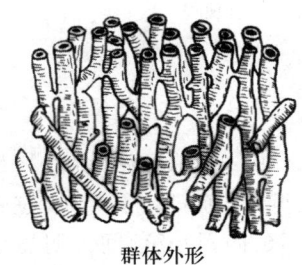

　　　　　　　　　　　　　　　　　　　　　　　群体外形

图 4-附-9　多壁珊瑚　　　　　　　图 4-附-10　笛管珊瑚

11. Michelinia Koninck(米氏珊瑚)$D_3—P_1$(图 4-附-11)

块状复体,个体呈多角柱状,具壁孔。体径多超过了 3 mm,壁孔大,分布分散,横板不完整,呈交错状。隔壁呈短脊状或刺状。

12. Tetrapora elegantula Yabe and Haysaka(方管珊瑚)$P_1$(图 4-附-12)

为群体珊瑚,各个体几乎相平行,个体小(直径 1.2 mm 左右),横切面略呈方形。没有隔板。横板近水平。

顶视

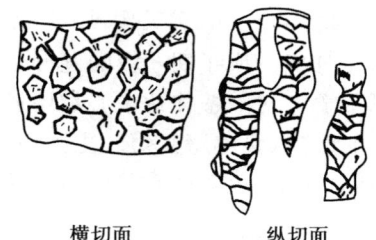
横切面　　　纵切面

图 4-附-11　米氏珊瑚　　　　　　　　图 4-附-12　方管珊瑚

13. Coronocephalus Graban(王冠虫)S(图 4-附-13)

头部呈次半月或次三角形。夹角后延成长夹刺。头鞍后部收短较强呈棒状,有三对宽而深的鞍沟,头鞍前节大;头鞍前的背沟仅在侧部显示;活动夹外缘上,有一排刺状瘤;头部壳面具粗瘤,胸部 11 节。尾部三角形,轴节数目较肋节多,肋节外端无刺。

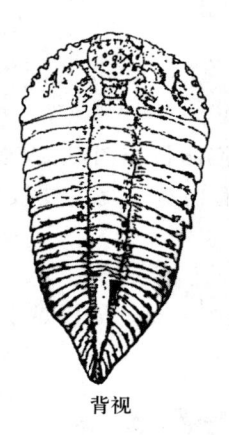
背视

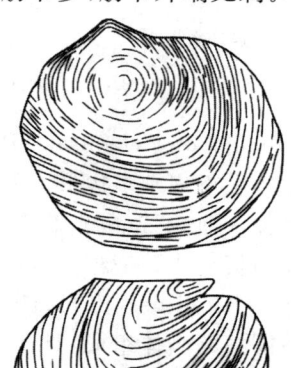

图 4-附-13　王冠虫　　　　　　　　图 4-附-14　克氏蛤

14. Claraia Bittner(克氏蛤)T(图 4-附-14)

贝壳近圆形,前斜。不等壳、左壳较突起,壳顶前位,壳面具局心线,有的尚有放射线。后耳大,但不延伸,与壳顶间无明显界限。前耳小或不发育。右壳扁平,前耳下的足丝凹口显著。铰边直,长度小于壳长。

15. Pseudotirolites Sun(假提罗菊石)$P_2$(图 4-附-15)

壳外卷,侧部具明显的肋,距腹部不远处常有侧肋和横肋。腹部具明显的腹棱。缝合线为菊面石式,每侧具两个齿状的侧叶及短的肋线系,有一个为低的腹鞍二分的腹叶。

16. Ophiceras Griesbach(蛇菊石)$T_1$ 早期(图 4-附-16)

壳外卷,盘状。脐部宽。具高而直立的脐壁。腹部穹圆。旋环横菊面石式,具两个细长的侧叶及短的肋线丝。

17. Fenestella Lonsdale(窗格苔藓虫)S—P($P_1^2$ 常见)(图 4-附-17)

硬体扇状或漏斗状,碎片都呈规则窗的格状,由枝和横枝合成。室口两行,分布在枝的正面,被中棱分开。在横枝附近的室口旁或纵向分布的二室口之间常有间隙孔。

图 4-附-15　假提罗菊石　　　　　　　　图 4-附-16　蛇菊石

18. Choristites Mosquedsis Ficher（分啄石燕或莫斯科唱贝）$C_2$（图 4-附-18）

壳稍长略呈方形，有时略呈圆形。铰合线较壳最宽处稍短。双凸，腹壳凸得多且壳尖向内弯曲。上有中槽；背壳有中褶。壳面有生长线和放射条纹，条纹平圆且有分叉，中槽及中褶上均有条纹。腹壳内有两个很粗呈三角形的齿板。

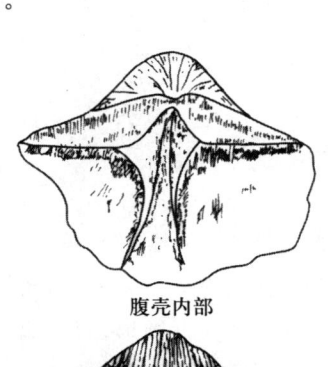

腹壳内部

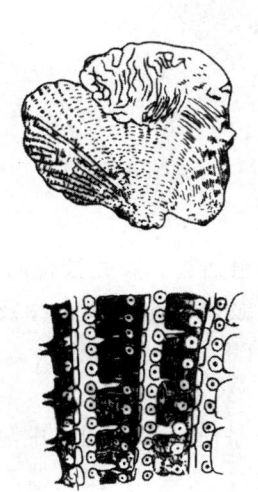

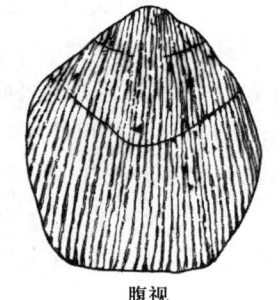

腹视

图 4-附-17　窗格苔藓虫　　　　　　　　图 4-附-18　分啄石燕或莫斯科唱贝

19. Camerotoedia Kinlingensis Grabau(金陵房贝)$C_1$（图 4-附-19）

壳小，略呈五边形。双凸，背壳凸很高。腹壳尖尖而弯曲。壳顶很凸起，两侧之肩则向下凹，具深而底平的中槽。槽内有三条放射纹，两侧壳面各有 3～4 条条纹；背壳尖内弯

— 149 —

与腹壳之三角孔紧靠、中褶自后端体高处开始。与腹壳中槽位置相当,中褶凸得高呈三角形,上有四根放射纹,两侧壳面也有 3～4 条条纹,中褶与中槽条纹向空隙相接处呈近直角。

20. Eochoristites neipentaiensis chu(擂彭台始唱贝)$C_1$(图 4-附-20)

壳略呈三角形。双凸,腹壳凸得高。腹壳尖较尖而内弯。铰合线较壳最宽处为短,三角面不高,但有时弯曲和微下凹,腹三角孔呈三角形。壳高宽比为 5∶4。壳二肩微下凹,腹壳具中槽,背壳有中褶,槽、褶内均有条纹,条纹有分叉现象,中槽、中褶两侧壳面每侧各有 17 条左右放射纹。

腹视

背视

背视

侧视

图 4-附-19　金陵房贝　　　　　　　　图 4-附-20　擂彭台始唱贝

21. Gigantoproductus Prentice(大长身贝)$C_1$(图 4-附-21)

壳巨大,壳壁厚,壳近圆形,腹壳高凸,背壳深凹。耳翼大,微凸起。腹壳铰合面窄小,背壳无铰合面。壳面有壳线,宽度不一,有时集合成纵隆脊。壳皱仅管育于铰合缘及耳翼附近。腹壳开肌痕大,叶状,闭壳肌痕阔卵形树枝状。腕痕内侧有锥状隆凸(腕锥)。

22. Leptodus Kayeser(蕉叶贝)P(图 4-附-22)

壳长卵形。壳面附着外物生长。铰合线短、直。两壳凸度平缓。腹壳同有中隔板纵贯全壳,两侧各有一系列与壳面直立的侧隔板脊顶钝圆呈阔脊状。背壳小,仅覆盖腹壳一部分,背壳由中叶及侧叶组成,中叶在壳内形成中隔板,侧叶嵌合在腹壳的侧隔板之间,腹壳具假疹孔。

23. Dicellograptus Hopkinson(叉笔石)O(个别达 $S_1$)(图 4-附-23)

笔石体是两个上斜式生长的笔石枝,枝直或弯。有时甚至交错呈"8"字形,胞管明显波状弯曲,口缘内转,口穴显著具有三个横管。

24. Monograptus Geinitz(单笔石)S—$D_1$(图 4-附-24)

笔石体上有一个上攀式的笔石枝,单列式,枝直或弯曲,胞管口部向外弯曲,呈钩状。

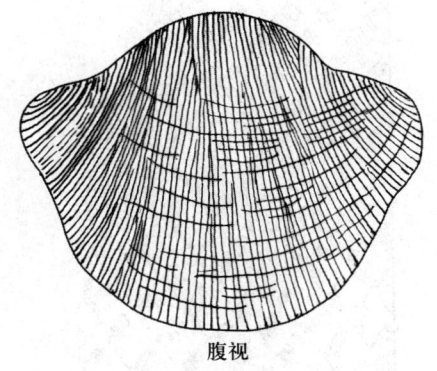

图 4-附-21 大长身贝

图 4-附-22 蕉叶贝

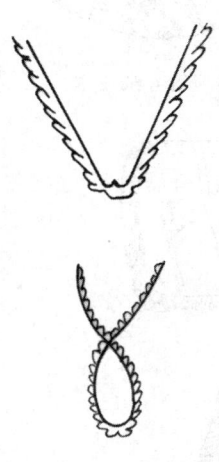

图 4-附-23 叉笔石

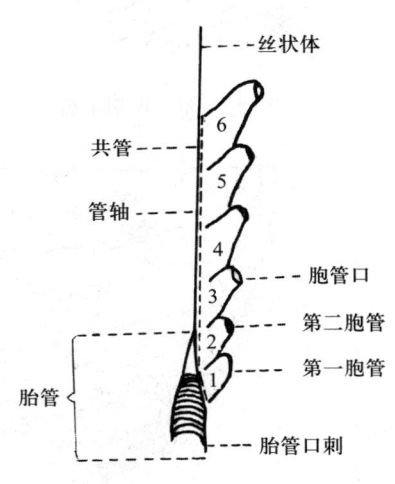

图 4-附-24 单笔石

25. Pecopteris anderssonii Halle(栉羊齿细羊齿)C—P(常见于 $P_2$)(图 4-附-25)

叶至少两次羽状分裂。小羽片互相紧接,与轴成 60°～70°交角,下延于轴上,其顶部略向上弯、近于镰刀形。小羽片呈长椭圆形或剑形,其顶端钝圆,最长达 12 mm。普通长度为宽度的 2～2.5 倍,中脉明显但不粗,叶脉颇密。中脉下延于轴上,与轴成锐角相交,侧脉以 40°交角自中脉伸出,分叉 1～2 次。

26. Leptophloeum rhombicum Daursom(斜方鳞皮木)$D_3$(图 4-附-26)

与鳞木相似,树干具斜方形叶座。呈螺旋状排列整齐。叶座一般宽大于长,表面甚平滑,其上端有较小的叶痕,呈长蛋形,宽不足 1 mm,高约 2 mm。

27. Gigantopteris nicotianaefolia(烟叶大羽羊齿)P(图 4-附-27)

叶体大,约 30 cm 宽,顶羽片基部作羽状分裂,顶部为全缘,主轴粗强,宽 13 mm,上有纵纹,羽片对生或半对生,与主轴成 40°～80°。羽片大小不一,最长的约 15 cm。叶一般为卵形,基部突收短,顶端尖锐,中脉强固,二次脉与中脉成 45°～65°。

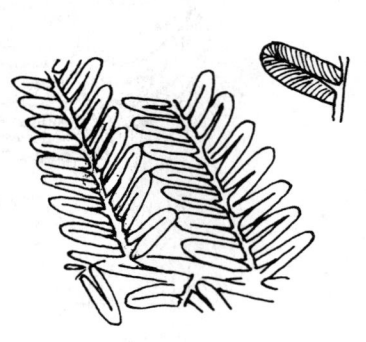
图 4-附-25　栉羊齿细羊齿

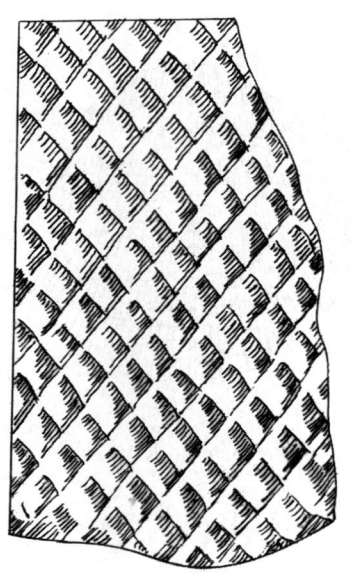
图 4-附-26　斜方鳞皮木

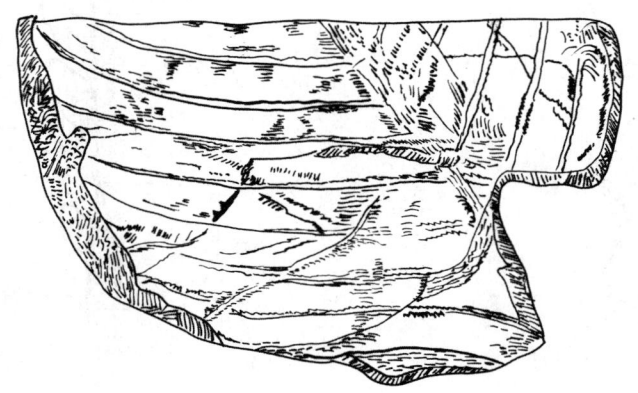
图 4-附-27　烟叶大羽羊齿

# 附录三 复习思考题

1. 开展野外地质工作之前应做哪些工作?
2. 地质测绘工作分几个阶段?各阶段的任务是什么?
3. 踏勘路线选择要注意哪些问题?
4. 野外应在哪些地方定点?用什么方法?
5. 实习区发育哪些地层?各有何特点?
6. 为什么要实测地质剖面?
7. 实测地质剖面线的选择原则有哪些?
8. 标志层应具有哪些特征?
9. 实习区主要有哪些构造?
10. 断裂构造的识别标志有哪些?请结合工作区断层加以说明。
11. 紫薇洞的形成受哪些地质因素的控制?
12. 王乔洞口出露的岩体的岩性以及它与围岩的接触关系是什么?
13. 实习区有哪些类型的线理?其产状如何量测?
14. 郯庐断裂具有哪些特征?
15. 巢北与巢南相比,地层有何不同?
16. 岩性、构造和地貌之间的关系如何?
17. 实习区的地层可分为几个构造层?
18. 本区经历了几次构造运动?
19. 如何根据沉积岩的原生构造确定岩层的顶底面?
20. 地质填图常采用哪两种方法?
21. 岩层出露界限的"V"字形法则在填图中如何应用?
22. 本区有哪些矿产资源?
23. 如何编制实际材料图?
24. 如何编制构造纲要图?
25. 图切剖面图的方位选择应注意哪些原则?
26. 根据本区构造,确定本区古构造应力场的方位。
27. 节理玫瑰花图如何编制?
28. 区域地质报告应包括哪些内容?

## 附录四　地形图和地质图

巢湖市北部地形图（附图 4-1）
巢湖市北部地质图（附图 4-2）

# 巢湖北部地质图

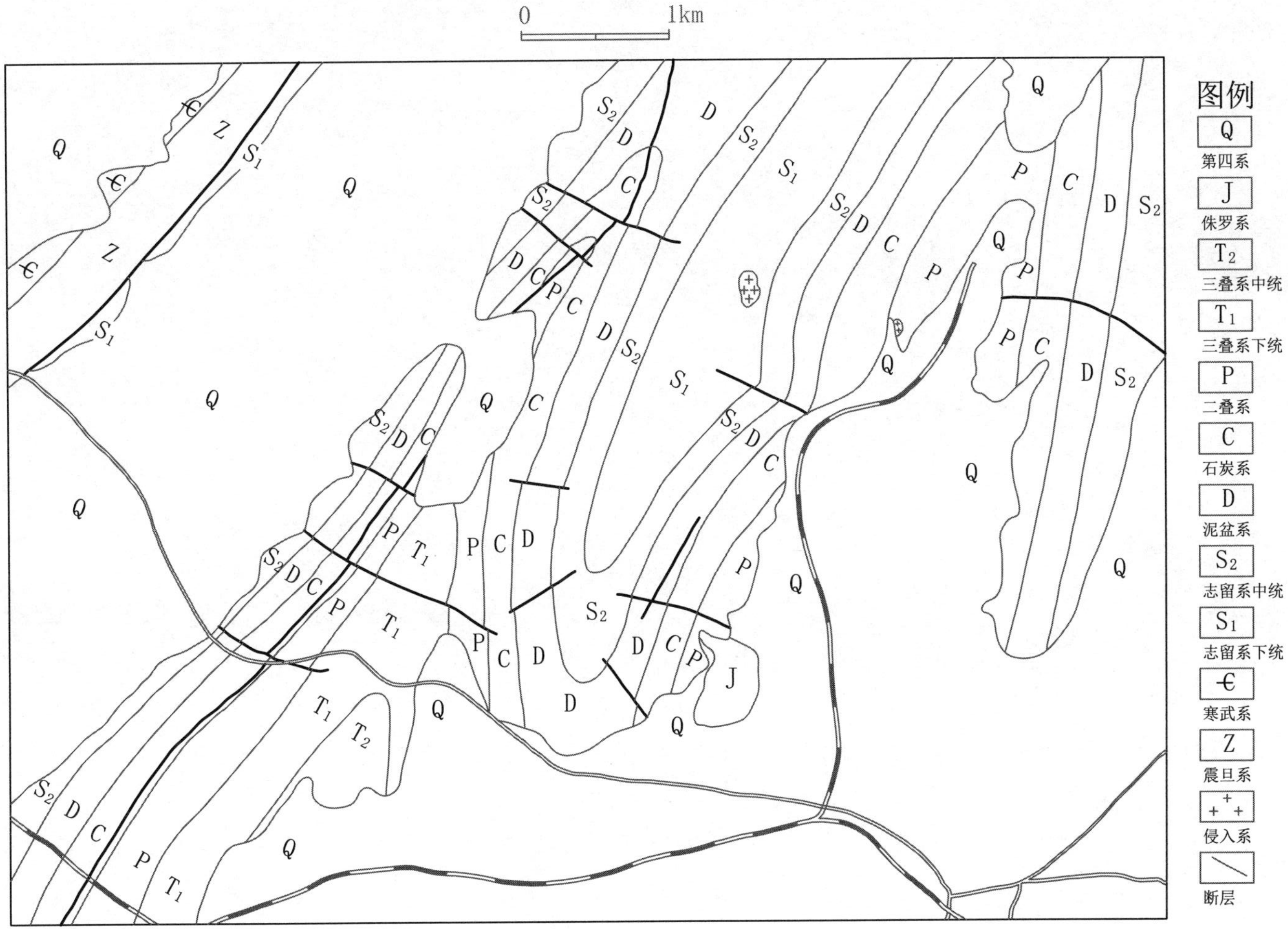

**图例**

| | |
|---|---|
| Q | 第四系 |
| J | 侏罗系 |
| T₂ | 三叠系中统 |
| T₁ | 三叠系下统 |
| P | 二叠系 |
| C | 石炭系 |
| D | 泥盆系 |
| S₂ | 志留系中统 |
| S₁ | 志留系下统 |
| ∈ | 寒武系 |
| Z | 震旦系 |
| ++ | 侵入系 |
| / | 断层 |

附图 4-2 巢湖北部地质图